Symposium

Dauerhafter Beton –
Grundlagen, Planung und Ausführung bei
Frost- und Frost-Taumittel-Beanspruchung

Herausgeber:
Prof. Dr.-Ing. Harald S. Müller
Dipl.-Wirt.-Ing. Ulrich Nolting
Dipl.-Ing. Michael Haist

Symposium

Dauerhafter Beton –
Grundlagen, Planung und Ausführung bei
Frost- und Frost-Taumittel-Beanspruchung

6. Symposium Baustoffe und Bauwerkserhaltung
Universität Karlsruhe (TH), 12. März 2009

mit Beiträgen von:
Dipl.-Ing. Zorana Djuric
Dipl.-Ing. Torsten Göpfert
Dr.-Ing. Ulf Guse
Dipl.-Ing. Michael Haist
Prof. Dr.-Ing. Harald S. Müller
Dipl.-Meteorologe Sven Plöger
Prof. Dr.-Ing. Michael Raupach
Prof. Dr. rer. nat. Dr.-Ing. habil. Max J. Setzer
Dr.-Ing. Franka Tauscher
BDir Dipl.-Ing. Andreas Westendarp
Dr.-Ing. Udo Wiens

Veranstalter:
Universität Karlsruhe (TH)
Institut für Massivbau und Baustofftechnologie
76128 Karlsruhe

VDB – Verband Deutscher Betoningenieure e. V.
Regionalgruppen 9 und 10

BetonMarketing Süd GmbH
Gerhard-Koch-Straße 2+4
73760 Ostfildern

universitätsverlag karlsruhe

Impressum
Universitätsverlag Karlsruhe
c/o Universitätsbibliothek
Straße am Forum 2
76131 Karlsruhe
www.uvka.de

Universitätsverlag Karlsruhe 2009
Print on Demand

ISBN 978-3-86644-341-9

Hinweis der Herausgeber:
Für den Inhalt namentlich gekennzeichneter Beiträge ist die jeweilige Autorin bzw. der
jeweilige Autor verantwortlich.

Bildnachweis:
Schleuse Leerstetten am Main-Donau-Kanal, © WSA Nürnberg
Betonfertigstufen am Haus der Baustoffindustrie, Stuttgart, © Bosold

Vorwort

Betonbauteile unterliegen in unseren Breiten im Außenbereich grundsätzlich einer Frostbeanspruchung, häufig auch in Verbindung mit einer gleichzeitig gegebenen Taumittelbeanspruchung. Die aus diesen Beanspruchungen resultierenden Anforderungen werfen bei der Planung und Ausführung von entsprechenden Bauwerken häufig Fragen auf, beispielsweise zur korrekten Einteilung in die maßgebenden Expositionsklassen oder zur Wahl eines geeigneten Frost-Prüfverfahrens.

Im vorliegenden Tagungsband zum 6. Symposium Baustoffe und Bauwerkserhaltung geben namhafte Autoren einen umfassenden Überblick über die Grundlagen, die Planung und die Ausführung von Betonbauwerken bei einer Frost- bzw. Frost-Taumittel-Beanspruchung.

Im Themenblock **Grundlagen** werden zunächst die wetterbedingten Beanspruchungen und ihre klimatischen Ursachen erklärt. Weiterhin werden die im Beton wirkenden Schädigungsmechanismen erläutert sowie Wege und Möglichkeiten vorgestellt, dauerhafte Betonbauwerke bei Frost- bzw. Frost-Taumittel-Beanspruchung herzustellen. Die dabei eingesetzten Methoden sind in den aktuellen Betonbaunormen verankert, so dass eine hohe Dauerhaftigkeit in der Praxis sichergestellt ist. Im Zweifelsfall kann der Beton jedoch einer geeigneten Prüfung unterzogen werden. Im Themenblock **Normung und Prüfung** wird daher auch auf die Übertragbarkeit der verschiedenen Prüfmethoden auf die Praxis eingegangen. Der Themenblock **Planung und Ausführung** behandelt schließlich ausgewählte Bauwerke, bei denen ein starker Frostangriff beobachtet und gleichzeitig eine besonders hohe Lebensdauer gefordert wird.

Die Veranstalter

Inhalt

„Der nächste Winter kommt bestimmt..."

Sven Plöger

Zusammenfassung

Der vorliegende Beitrag gibt einen kurzen Überblick über den maßgebenden Motor einer Frost-Beanspruchung, nämlich das Wetter. Dabei wird vom Autor zunächst das Phänomen Frost erklärt und dessen Ursachen anhand von Wetterszenarien aufgezeigt. Weiterhin erläutert der Autor den Unterschied zwischen den Begriffen Wetter und Klima und gibt einen Ausblick auf die durch Klimaveränderungen zu erwartenden Wetterveränderungen.

1 Einführung

Nach zwei besonders milden Wintern sorgte der Winter 2008/2009 wieder für einige Überraschungen in Sachen Kälte, denn an vielen Tagen hielten sich Frost und Schnee. In der Nacht auf den 7.01.2009 sackten die Temperaturen vor allem in der Mitte Deutschlands auf Rekordwerte ab und lagen häufig deutlich unter -20, teilweise sogar unter -25 Grad Celsius, und selbst am Oberrhein und im Raum Karlsruhe fiel das Thermometer in der ersten Januarhälfte häufig unter -10 Grad. Besonders beeindruckend war auch der Tiefstwert der Wetterstation Albstadt-Degerfeld am 15.02.2009 als morgens „arktisch anmutende" -24,9 Grad gemessen werden konnten.

Nach dem vergangenen milden Winter 2007/2008 und jenem davor, dessen Höhepunkt sicher der Orkan „Kyrill" am 18.01.2007 gewesen ist, ist nun wohl so mancher überrascht, dass es in Mitteleuropa und damit auch in Baden-Württemberg trotz des Klimawandels offensichtlich noch eisig kalt werden kann! Weil frostige Winter auch in Zukunft nicht ausbleiben werden, heißt dieser Vortrag auch „Der nächste Winter kommt bestimmt..."

2 Themen

Der vorliegende Beitrag vermittelt einen Überblick meteorologischer Grundlagen, die bei der Vertiefung des Themas Frost in im Rahmen des 6. Symposiums Baustoffe und Bauwerkserhaltung hilfreich sind.

Im ersten Teil geht es um unser Wetter, also den Antrieb der atmosphärischen Zirkulation durch unseren Energielieferanten Sonne. Die Darstellung dieser Zusammenhänge ermöglicht es, einige Wetterlagen zu zeigen, die bevorzugt zu Frost führen. Hier spielt nicht nur das großräumige Zusammenspiel zwischen Hochs und Tiefs eine Rolle, sondern auch lokale Strömungen, die sich in orografisch stark gegliederten Regionen wie z.B. in Baden-Württemberg ergeben.

Der zweite Teil beschäftigt sich mit der meteorologischen Definition eines Frost- oder Eistages und zeigt anhand einiger Daten beispielhaft das auf engem Raum sehr unterschiedliche Frostrisiko verschiedener Expositionen.

Der dritte Teil ist der Hauptteil des Vortrages und stellt den wichtigen Unterschied zwischen Wetter und Klima dar. Diesen Unterschied richtig zu erfassen, ist die Grundlage dafür, dass in der Öffentlichkeit konstruktiv über das Thema Klimaveränderung diskutiert werden kann. Erst aus dem Verständnis der komplexen Thematik resultieren vernünftige Handlungsoptionen – in diesem Vortrag geht es dabei um die zukünftige Erwartung im Hinblick auf das Auftreten von Frostwetterlagen.

Im vierten Teil wird gezeigt, weshalb eine langfristige Frostprognose auch in Zeiten einer globalen Erwärmung ein schweres Unterfangen ist und weshalb die Natur weiterhin dafür sorgen wird, dass sich kalte Winter wie 2008/2009 oder beispielsweise 2005/2006 in Zukunft immer wieder einstellen werden.

Der fünfte und letzte Teil beschäftigt sich kurz mit den Folgen, die sich durch eine Veränderung der Frostintensität einstellen können.

3 Meteorologischer Überblick

Insgesamt erreichen gerade einmal 0,5 Milliardstel der abgegebenen Sonnenenergie unsere Erde – nicht gerade viel. Trotzdem würde diese Menge ausreichen, die Menschheit ca. 5810 Mal mit der heute von uns benötigten Energie zu versorgen.

Doch vor allem treibt die Sonnenwärme die atmosphärische und die ozeanische Zirkulation an. Weil die Energie unterschiedlich intensiv an verschiedenen Orten der Erde ankommt (die Pole erhalten weniger als der Äquator; im Winter erhalten wir weniger als im Sommer; nachts gibt es überhaupt keine Energiezufuhr), muss sie transportiert werden. Und das geschieht nach dem 2. Hauptsatz der Thermodynamik immer von „viel" zu „wenig", d.h. das Bestreben der Natur ist es, einen Ausgleich herbeizuführen. Wärme wird in der Atmosphäre durch die Tiefdruckgebiete in höhere Breiten gelenkt, im Ozean übernehmen diese Aufgabe die Meeresströmungen, wie beispielsweise der Golfstrom.

Hinzu kommt, dass unser Planet eine sich drehende Kugel ist und damit wirkt die Corioliskraft. Sie sorgt dafür, dass sich unsere Drucksysteme (die Hochs und die Tiefs) drehen. Bei uns sind deshalb Wetterlagen mit einem Tief östlich von uns oder einem Hoch über Skandinavien (nördliche bis nordöstliche Strömung) besonders frostanfällig. Kommt dann noch eine klare und windarme, lange Januarnacht mit Schneedecke hinzu, so werden in Hochtälern oft die niedrigsten Werte des Jahres gemessen.

3.1 Frost

Frost bedeutet per Definition eine Temperatur von exakt 0 Grad oder weniger. Wenn ein solcher Wert an einem Tag einmal erreicht wird, so gilt er als Frosttag. Bleiben die Temperaturen während des gesamten Tages durchweg im Frostbereich, so spricht man von einem Eistag – unabhängig von der Intensität des Frostes. Begriffe wie mäßiger oder strenger Frost sind subjektive Eindrücke, die von Region zu Region und von Person zu Person unterschiedlich interpretiert werden können. Sind –30 Grad für das nördliche Finnland oder für Sibirien nichts ungewöhnliches, so wären unsere Nachrichtensendungen bei solchen Werten voll von Meldungen einer Jahrtausendkälte. Kommt es hingegen an der südportugiesischen Algarve oder in Florida zu Temperaturen von knapp unter 0 Grad, so wird man hier bereits von extremer und ungewöhnlicher Kälte sprechen. Will man eine Aussage über das Auftreten von Frostwetterlagen in der näheren Zukunft machen, so ist die Auseinandersetzung mit dem Klima und der derzeit zumindest von uns Menschen mitzuverantwortenden Klimaänderung unumgänglich.

3.2 Wetter und Klima

Von zentraler Bedeutung für alle weiteren Betrachtungen ist es, die Begriffe Wetter und Klima nicht zu verwechseln. Wetter ist das tägliche wechselvolle und von unseren Sinnesorganen fühlbare (nass, trocken, kalt, warm, windig, u.s.w.) Geschehen in der Atmosphäre. Klima ist hingegen die mindestens 30jährige Mittelung des Wettergeschehens an einem Ort oder auch über ein großes Gebiet bis hin zum gesamten Globus (globales Klima). Klima ist damit ein statistisches Konstrukt, das unsere Sinnesorgane nicht wahrnehmen können.

Abb. 1: Savognin, Schweiz, Januar 1990 [1]

Die Folgen einer solchen räumlichen Mittelung können an einem einfachen Beispiel verdeutlicht werden: Der Winter 2007/2008 war bei uns zwar sehr mild und hat bei einigen von uns sicher die Sorge vor der Erwärmung wachsen lassen, doch in China war er gleichzeitig ungewöhnlich kalt. Es gab neue Kälterekorde und große Schneemassen, die viele Chinesen daran hinderten, ihr Reiseziel zum chinesischen Neujahrsfest erreichen zu können. Räumlich gemittelt können sich die Wärme bei uns und die Kälte andernorts aber möglicherweise gerade ausgleichen. Fühlen können wir einen solchen Ausgleich nicht, denn wir können uns nicht gleichzeitig in Europa und in China befinden.

3.3 Erderwärmung

Unser Planet erwärmt sich derzeit für erdgeschichtliche Verhältnisse ungewöhnlich rasch. Ist die globale Temperatur seit dem Ende der letzten Eiszeit vor rund 11000 Jahren um etwa 4,5 Grad Celsius gestiegen, so waren es in den letzten 100 Jahren beachtliche 0,7 Grad. Da die Natur alleine nach unserem heutigen Wissen bisher noch keine so schnelle globale Temperaturänderung zustande bekommen hat, führt dies zu der Feststellung, dass der Mensch mit seinem Eintrag von Treibhausgasen in die Atmosphäre (derzeit pro Jahr allein rund 30 Milliarden Tonnen Kohlendioxid) einen erheblichen Anteil an den Veränderungen hat. Computermodelle (siehe Abbildung 2) zeigen, dass die globalen Temperaturen bis zum Ende dieses Jahrhunderts wohl um weitere rund 3 Grad steigen werden.

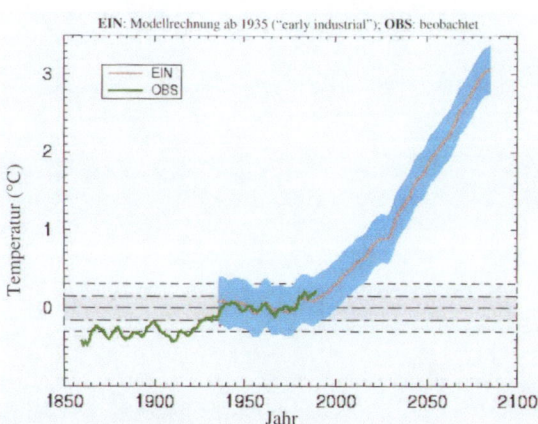

Abb. 2: Veränderung der globalen Mitteltemperatur [2]

Bezogen auf Frostwetterlagen ist natürlich klar, dass sie bei einer massiven Erwärmung in Zukunft seltener vorkommen werden – ebenso, wie es auf der Hand liegt, dass Hitzeereignisse im Sommer häufiger auftreten werden. Sonst käme schließlich kaum eine Erwärmung zustande. Doch die Schwankungen beim aktuellen Wettergeschehen wird es auch in einer wärmeren Atmosphäre geben und somit ist das – wenn auch seltenere – Auftreten extrem kalter Witterungsphasen auch in Zukunft selbstverständlich.

3.4 Schwankungen

Eine ganz besondere Bedeutung in diesem Zusammenhang haben natürliche Schwankungen, wie etwa die nordatlantische Oszillation. Ist der sie beschreibende Oszillationsindex NAO positiv, so hat man es mit einem großen Luftdruckunterschied zwischen Islandtief und Azorenhoch zu tun. Das Ergebnis ist eine intensive Westströmung, die bevorzugt atlantische Meeresluft nach Europa verfrachtet. In solchen Fällen sind die Temperaturen recht ausgeglichen. Ist der NAO – wie zurzeit – häufig negativ, so ist der Luftdruckunterschied zwischen Islandtief und Azorenhoch gering. Folge: wenig Westströmung und somit eine größere Chance für andere Windrichtungen, sich durchzusetzen. Entsprechend fehlt der maritime Ausgleich und so prallen bei uns extremere Luftmassen aufeinander. Dazu gehört dann im Winter auch immer wieder die kalte Frostluft aus Norden bzw. Nordosten.

Frost hat neben seinen unmittelbaren Auswirkungen auf die Vegetation und die von uns Menschen verwendeten Baumaterialien (z.B. Beton), aber auch große Bedeutung in der Natur. So werden die Felsformationen vieler Hochgebirge (z.B. der Alpen) durch das in ihnen enthaltende Eis gefestigt. Eine Erwärmung kann deshalb zum „Abbröckeln“ ganzer Bergmassive führen. Gefahren drohen auch dem Permafrostboden. In der russischen Taiga, wo sich ausgedehnte boreale Nadelwälder befinden, schwindet mit der Erwärmung auch der Halt dieser Wälder im Boden. Ergebnis: bei schweren Stürmen fällt diesem ein sehr viel größerer Anteil des Waldes als früher zum Opfer. Außerdem sind im Eis große Methanmengen eingefroren, die beim Tauen des Eises in die Atmosphäre gelangen und die Erwärmung weiter beschleunigen – man nennt so etwas einen positiven Rückkopplungsmechanismus.

4 Schlussfolgerung

Im Ergebnis stellt der Vortrag für unsere Region fest, dass sich die Anzahl der Frosttage zwar aller Wahrscheinlichkeit nach reduzieren wird, dass sich aber auch in Zukunft immer wieder Wetterlagen einstellen werden, die zu Frost führen. Selbst in Karlsruhe sollten die Thermometer deshalb auch in Zukunft in Lage sein, Werte wie –10 oder –15 Grad anzuzeigen.

5 Literatur

[1] Pfister, C.: Wetternachhersage. Verlag Paul Haupt, 1999

[2] Cubasch, U.; Kasang, D.: Anthropogener Klimawandel. Justus Perthes Verlag, Gotha, 2000

6 Autor

Dipl.-Met. Sven Plöger
Meteomedia AG, Schweiz
Kontakt: Agentur Brainworx
Martin-Luther-Platz 13-15
50677 Köln

Physikalische Grundlagen der Frostschädigung von Beton

Max J. Setzer

Zusammenfassung

Im vorliegenden Beitrag werden die physikalischen Mechanismen erläutert, die zu einer Frostschädigung von Beton führen. Hierzu wird zunächst das vom Autor entwickelte Mikroeislinsen-Modell vorgestellt, mit dem der Zusammenhang zwischen einer Frost-Beanspruchung und der dabei zunehmenden Sättigung des Betons erklärt werden kann. Hierbei muss zwischen den makroskopisch bei Frost beobachteten Phänomenen und den auf der Mikro- bzw. Submikro-Ebene ablaufenden Prozessen unterschieden werden. Der Autor erläutert weiterhin den Einfluss von Salzen auf die oben genannten Mechanismen. Auf dieser Basis werden die physikalischen Randbedingungen erklärt, die für eine Übertragbarkeit von Laborversuchen auf Bauteiluntersuchungen in der Praxis sichergestellt sein müssen. Der Beitrag schließt mit einem Ausblick auf noch offene wissenschaftliche Fragen.

1 Einleitung

Wenn sich Wasser beim Gefrieren um 9 Vol.-% ausdehnt, dann wird die Bruchdehnung des Betons bei weitem überschritten. Die praktische Erfahrung zeigt aber, dass ein Beton mit ausreichender Qualität, wenn überhaupt, erst nach vielen Frost-Tau-Wechseln eine Schädigung zeigt, selbst wenn er vor der Befrostung mit Wasser gesättigt worden ist. Die Normen schreiben daher viele Frost-Tau-Wechsel vor, die ASTM 300, der Slab-Test 56, der CDF-Test 28 und der CIF-Test 56. Es ist also zielführend auch zu fragen, weshalb Beton so widerstandsfähig ist.

Ziel dieses Beitrags ist es, diese scheinbare Diskrepanz zu klären; deren Ursache liegt offenkundig darin, dass wir die naturgesetzlichen Zusammenhänge zu einfach sehen und dass wir möglicherweise auch die Randbedingungen nicht korrekt erfassen.

Die Schadensmechanismen beim Frostschaden hat Powers nun schon Mitte der 40er Jahre [1, 2] – später mit Helmuth [3, 4] – erforscht. Er stellte fest, dass selbst weit unter dem Gefrierpunkt nur ein Teil des Wassers in Beton gefriert. Das gefrierende Wasser erzeugt im ungefrorenen Teil hydraulische Drücke. Wenn der Abstand (Abstandsfaktor) zu künstlich eingeführten Luftporen genügend klein ist, dann können diese Drücke abgebaut werden. Fagerlund [5, 6] hat auf dieser Basis abgeschätzt, dass es einen kritischen Sättigungsgrad geben muss, ab dem Beton ohne Luftporen zerstört wird. Er hat auch nachgewiesen, dass Beton schon nach ein bis zwei Frost-Tau-Wechseln zerstört wird, wenn dieser Sättigungsgrad überschritten wird. Das Prüfverfahren des kritischen Sättigungsgrades beruht darauf.

Wenn diese Erklärungen ausreichend wären, dann müsste ein Beton, der zuvor mit kapillarem Saugen – über dem Gefrierpunkt – gesättigt wurde, entweder schnell zerstört werden oder beliebig lange standhalten, wenn er Frost-Tau-Wechseln ausgesetzt wird, je nachdem, ob er über oder unter dem kritischen Sättigungsgrad beim Start lag. Offenkundig muss man einen weiteren Mechanismus bei Frost-Tau-Wechseln beachten, der dann doch auch gute Betone zum Versagen bringt; das muss zuerst ein Transportmechanismus sein, der unter Frost-Tau-Belastung aktiviert wird, und der zu einer weiteren Sättigung führt. Das unten beschriebene Mikroeislinsenmodell zeigt diesen Mechanismus auf. Ein Frostangriff ist folglich auch ein Transportvorgang; er ist nicht stationär und hängt daher von den Randbedingungen signifikant ab. Beim Vergleich von Laborergebnissen mit der Praxis, ist es entscheidend, dass diese Randbedingungen in beiden Fällen äquivalent sind; sonst kann man die Laborbedingungen nicht auf die Praxis übertragen. Beim CDF und CIF Test wurde darauf penibel geachtet.

Durch präzise Messungen wissen wir, dass wir zwei Schadensmechanismen unterscheiden müssen:

(1) Die Oberflächenabwitterung ist augenfällig und wird besonders bemängelt. Sie betrifft allerdings in der Regel nur eine sehr dünne äußere Schicht; z. B. entspricht das Prüfkriterium von 1500 g/m² im CDF-Test einer Abwitterungstiefe von ca. 0,8 mm.

(2) Die innere Schädigung geht in die Tiefe und reduziert vor allem die Lebensdauer der Konstruktion.

Aufgrund des Chromatographieeffekts dringt Wasser wesentlich tiefer ein als darin gelöste Salze. Bei der inneren Schädigung sind daher die oben genannten Schadensmechanismen und der Transport durch das Mikroeislinsenmodell ausreichend, um die Phänomene unter Frost-Tau-Belastung zu beschreiben. Bei der Abwitterung kommen offenkundig zusätzliche Effekte zum Tragen, die auf gelöste Salze zurückzuführen sind. Der Frost-Tausalz-Schaden zeigt das deutlich. Aber auch schon geringe Mengen an gelösten Stoffen können zu signifikanten Änderungen bei der Abwitterung führen. So zeigte ein Ringversuch und seine Analyse, dass bereits Leitungswasser unterschiedlicher Härte die Abwitterungsmenge um einen Faktor zwei verändern kann (siehe Rilem Ringversuch RILEM TC 176 IDC sowie [12]).

2 Mikroeislinsen-Modell [7-10]

Das Mikroeislinsen-Modell (siehe Abbildung 1) beschreibt den Pumpeffekt, der zum Frostsaugen führt. Es besteht aus drei Ebenen entsprechend drei Größenskalen – Submikro- (Gel-; <0,1 µm=100 nm), Mikro- (Kapillar-; <1 mm) und Makroskala.

2.1 Submikroskopischer – Gel-Bereich

In der submikroskopischen Zone sind Transport und Ausgleichsvorgänge aufgrund der geringen Distanzen so schnell, dass sich sowohl thermisches wie thermodynamisches Gleichgewicht sofort einstellen.

Allerdings sinkt der Gefrierpunkt des Wassers mit abnehmendem Porenradius, da die freigesetzte Gefrierwärme kleiner ist als die erforderliche Oberflächenenergie zwischen Feststoffmatrix und Wasser bzw. Eis. Beim Gefrieren dringt das Eis in die Poren

ein; daher ist der Meniskus zwischen Eis und Porenwasser dafür entscheidend, bei welcher Temperatur das Eis in die ungefrorene Pore fortschreitet. Beim Tauen kollabiert das Mikroeispartikel – senkrecht zur Porenwand. Aufgrund der Geometrie (und auch der Oberflächenenergien) erfolgt das Gefrieren bei tieferen Temperaturen als das Tauen; es entsteht eine Gefrier-Tau-Hysterese, wobei der Gefriervorgang der metastabile Zustand ist. Die Radius-Gefrierpunkts-Beziehung für Zylinderporen kann in guter Näherung durch die Formel

$$\theta = -\frac{n\Delta\gamma_M v_L}{(r-t)\Delta s_{SL0}} = -F\frac{n}{(r-t)} \tag{1}$$

berechnet werden; mit

θ	=	Gefrierpunktstemperatur < 0
$\Delta\gamma_M$	=	Änderung der Oberflächenwechselwirkung beim Phasenübergang zwischen Matrix – Wasser / Eis ≈ Wechselwirkung Wasser – Eis
v_L	=	Molvolumen des Gelwassers
n	$\approx$	$\begin{cases} 1 \text{ ; Schmelzen} \\ 2 \text{ ; Gefrieren} \end{cases}$
Δs_{LS0}	=	Schmelzentropie des Gelporenwassers
r	=	Porenradius
t	=	Dicke der ungefrorenen adsorbierte Schicht

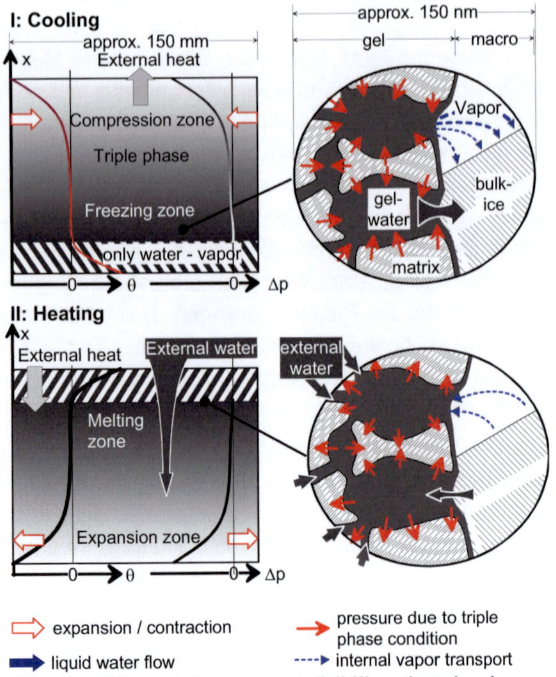

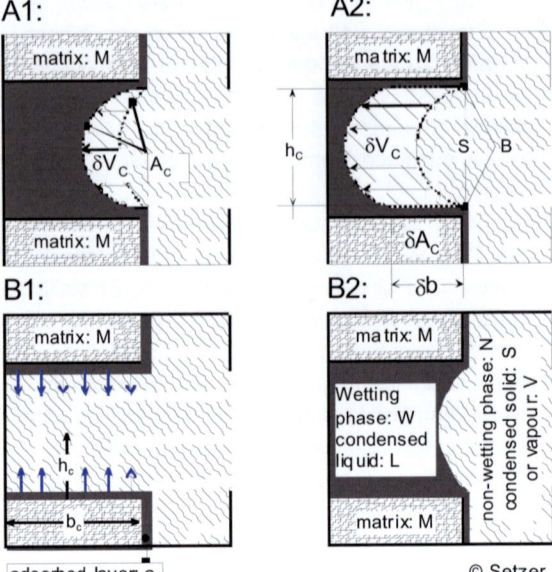

Abb. 2: Phasenübergang im Gel. A1, A2: Eindringen von Eis – Gefrieren (metastabil); B1,2: Kollabieren von Eis – Schmelzen (stabil)

Abb. 1: Mikroeislinsen-Modell (MIL, micro-ice-lens model), Vergleich zwischen makroskopischer (links) und submikroskopischer (rechts) Skala.

Um das thermodynamische Gleichgewicht zu gewährleisten, baut sich mit sinkender Temperatur im Porenwasser ein – negativer – Druck Δp_{LS} auf, der in guter erster Näherung ist:

$$\Delta p_{LS} \approx \frac{\Delta s_{SL0}}{v_L}\theta = \kappa\theta \qquad (2)$$

Die dabei entstehenden Drücke sind so groß, dass sie die Matrix kontrahieren. Der Effekt kann als Gefrierschwinden bezeichnet werden. Es wird auch an makroskopischen Betonproben beobachtet.

Es ist wesentlich: Neuere Ergebnisse zeigen (siehe Tabelle 1), dass sich das Gelporenwasser signifikant vom ungestörten („bulk") Wasser unterscheidet und zwar sowohl in der Entropie wie in der Dichte und dem inversen dazu, dem Molvolumen.

Gemittelte Ergebnisse aus Literaturdaten für die Oberflächenwechselwirkung ergeben einen Näherungswert für F ≈ 33 nm*K.

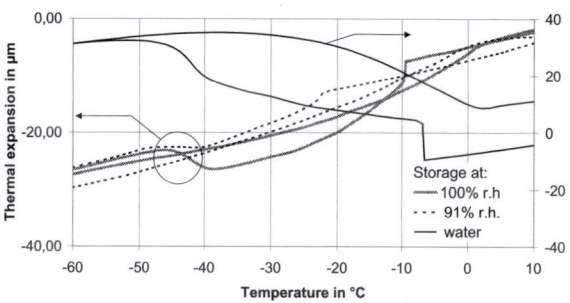

Abb. 3: Thermische Ausdehnung von Zementstein nach unterschiedlicher Vorlagerung: 100% - versiegelte Lagerung – Frostschwinden ist deutlich; 91% in Klimalagerung; water: ständig in ges. Calciumhydroxid-Lösung – völlig gesättigter Porenraum, Eisdehnung dominiert. Nach Liebrecht [11]

Die Abweichungen durch Oberflächenwechselwirkung betreffen nur das Porenwasser und nicht das Eis; eigene Röntgenmessungen und NMR Daten von Schulson zeigen, dass Poreneis die Struktur des makroskopischen Eises Ih hat. Wegen der reduzierten Schmelzenthalpie muss daher das Porenwasser eine verminderte Entropie haben d.h. durch Oberflächenwechselwirkung vorstrukturiert sein; die sorbierte Schicht ist strukturiert.

Neben der Gefrierpunktserniedrigung durch die Oberflächenwechselwirkung mit der Matrix beobachtet man auch eine Gefrierpunktsdepression durch die Nukleation – auch im Mikro- und Makrobereich; sie ist im Gegensatz zur Gefrierpunktserniedrigung ein statistischer Prozess, der mit jedem Gefriervorgang unterschiedlich ist. Sie sinkt mit dem Probenvolumen und beträgt bei Betonproben (Zentimeterbereich) zwischen ca. 2 und 5 K (siehe Erbaydar), bei kleinen Zementsteinproben zwischen ca. 9 und 14 K (siehe Liebrecht).

2.2 Mikroskopischer Bereich

Die Ausgleichszeiten bei Vorgängen im Mikrobereich sind nicht mehr vernachlässigbar und hängen erheblich vom Abstand ab. Die Geschwindigkeit des Feuchtetransports liegt unter 3 s bei einem Abstand von 1 µm und steigert sich auf Stunden im Millimeterbereich. Die Zeitkonstante für den thermischen Ausgleich hängt erheblich von der Eisbildung ab. Außerhalb des Gefrierbereichs gleicht sich die Temperatur bei 1 mm Distanz in ca. 1 s an, beim Gefrieren ist die Zeit etwa 25 mal größer bzw. die charakteristische Distanz 5 mal kleiner (w/z = 0,5, Hydratationsgrad 0,9).

Tab. 1: Strukturiertes Gelwasser (Mittel) 1st Adsorption, 2nd Desorption - aus Setzer, Liebrecht (2007) [13]

	Schmelz-enthalpie [J/g]	Dichte [kg/m³]	κ [MPa/C]
Makro	333	1000	1,22
CEM I	186	1206	0,82
CEM III A	238	1085	0,95
CEM III B	226	1209	1,00

Die physikalischen Eigenschaften sowohl des Wassers wie des Eises sind makroskopisch und durch Oberflächenwechselwirkung nicht beeinflusst. Allerdings ist die Oberflächenspannung sowohl des Wassers nicht vernachlässigbar; je nach Wechselwirkung mit dem Festkörper – hydrophil oder hydrophob – bildet sich ein konkaver oder konvexer Meniskus aus und entsprechend der Laplace Gleichung ein Unter- oder Überdruck im Wasser.

Das Eis wechselwirkt mit dem Feststoff invers zum Porenwasser: Hydrophile Flächen sind pagophob (πάγος, pagos = Eis) d.h. Eis abstoßend und hydrophobe Flächen pagophil. Das ist wichtig bei Nukleation und eventueller Hydrophobierung.

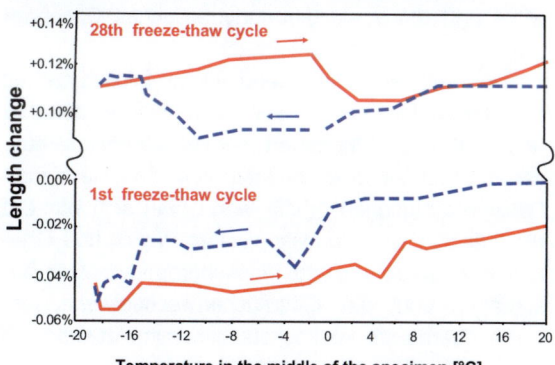

Abb. 4: Thermische Dehnung von Betonproben (CIF Test). Nach isothermem, kapillarem Saugen (1. Zyklus) Frostschwinden; nach Frostsaugen in 28 Zyklen Eisdehnung.

Die Messungen beim Gefrieren zeigen (siehe oben), dass bei gutem Beton (w/z < 0,6) zunächst freier

Porenraum vorhanden ist, sodass der Eisdruck nicht wirksam wird; man beobachtet beim Beginn einer Frost-Tau-Belastung Gefrierschwinden. Vor allen die Selbstaustrocknung bei der Hydratation erzeugt im Mikrobereich leeren Porenraum und kann nicht vernachlässigt werden.

Der leere Porenraum ist der entscheidende Grund, dass Beton einen hohen Widerstand gegen Frost-Tau-Belastung hat. Erst wenn in mehreren Frost-Tau-Wechseln durch die Mikroeislinsenpumpe dieser Porenraum gefüllt wird und damit ein kritischer Sättigungsgrad überschritten wird, dann erfolgt eine Frostschädigung – also eine innere Schädigung.

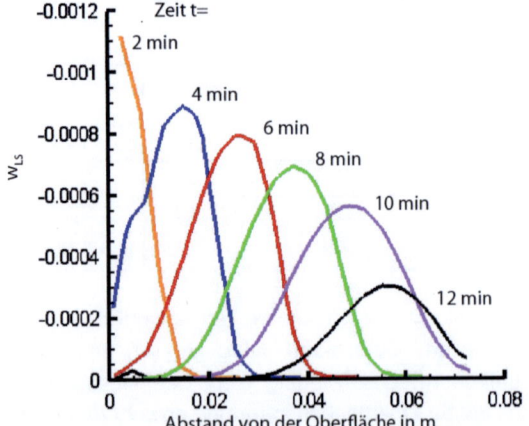

Abb. 5: Relative Geschwindigkeit der eindringenden Wasserfront während des Tauprozesses für verschiedene Zeitintervalle; nach Kruschwitz [16,17]

2.3 Makroskopischer Bereich

Thermisches Gleichgewicht stellt sich im makroskopischen Bereich erst mit deutlichem Zeitverzug ein. Bei realen Bauwerken sind typische Zeitparameter mehrere Stunden oder Tage. Ein Feuchtegleichgewicht und damit ein thermodynamisches Gleichgewicht wird praktisch nicht erreicht.

Der makroskopische Bereich kann folglich nur mit den Methoden der instationären Physik adäquat beschrieben und modelliert werden. Allerdings müssen die rechnerischen Ansätze beachten, dass man Fehlinterpretationen erhält, wenn man sich nur auf die Gesetze der makroskopischen Physik und Chemie d.h. Volumen- und Massenproportionalität beschränkt und die Oberflächenwechselwirkungen, wenn überhaupt, so höchstens semimakroskopisch mit der Oberflächenspannung abdeckt.

Das Mikroeislinsenmodell ist hier ein gutes Beispiel:

- Beim Gefrieren bewirkt die Oberflächenwechselwirkung im Mikrobereich, dass im Beton erhebliche Teile des Gelporenwassers nicht gefrieren können und, um das Gleichgewicht zu gewährleisten, unter Unterdruck stehen; er ist so groß,

dass Teile dieses Wassers durch Gefrierschwinden aus dem Gelporenbereich herausgedrückt werden und an den Mikroeislinsen gefrieren. Mit sinkender Temperatur nimmt dieser Effekt zu. Da das ganze Gelporenwasser unter Druck steht, ist dieser Effekt sehr schnell und bewegt sich im Sekundenbereich. Die Transportwege über wenige Mikrometer d.h. im unteren Mikrobereich, sind kurz.

- Beim Tauen erfolgt, wenn man Gleichgewichtsthermodynamik ansetzt, genau der umgekehrte Vorgang. Allerdings müssen dazu die Mikroeislinsen schmelzen; sie stehen nicht unter Druck; lediglich im Gelporenwasser nimmt der Unterdruck ab und es liegt ein Tauquellen vor. Wenn nun Wasser von außen geliefert werden kann, dann wird es mit der Taufront angesaugt. Es hängt lediglich von den Zeiten in diesem instationären Prozess ab, welcher Prozess „gewinnt": Der Rücktransport von den schmelzenden Eislinsen oder das nachgesaugte äußere Wasser. Nur der instationäre Prozess bei einem Frost-Tau-Zyklus bedingt, dass in der Regel äußeres Wasser aufgesaugt wird.

Kruschwitz [16,17] hat in seiner Dissertation diesen Effekt modelliert. Er konnte nachweisen, dass mit der Taufront, wie vorhergesagt und gefordert, eine Prozesszone mit der Taufront in den Beton eindringt. Er hat auch gezeigt, dass sie mit zunehmender Tiefe breiter und flacher wird; damit wird die Eindringtiefe begrenzt.

3 Physikalisch-chemische Effekte – gelöste Salze

Beim Frostangriff sind auch Effekte der physikalischen Chemie zu beachten.

In den Poren befindet sich eine Porenlösung; in den Kapillarporen des Mikrobereichs stellt sich ein Gleichgewicht zwischen den löslichen Bestandteilen der Hydratpodukte – vor allem Calcium, Alkalien – und der Porenlösung ein. Das führt bekanntlich zum hohen pH-Wert im nicht carbonatisierten Beton.

Diese Porenlösung ist im Gleichgewicht mit dem Gelporenwasser. Hier werden allerdings die Ionen insbesondere an der inneren Oberfläche des Gels sorbiert. Es bildet sich eine elektrostatische Doppelschicht. Die Folge sind ein wesentlicher Beitrag zum Spaltdruck (disjoining pressure); Elektroosmose und Chromatographieeffekte führen zu besonderen Transportphänomenen. Leser, die diese – sehr komplexen - Phänomene vertiefen wollen seien auf die Literatur verwiesen insbesondere auf die Bücher von Israelachvili, Churaev und Adamson.

Beim Frostangriff ist wichtig, dass Eis praktisch keine gelösten Stoffe aufnehmen kann. Sie reichern sich in der ungefrorenen Lösung an oder fallen als

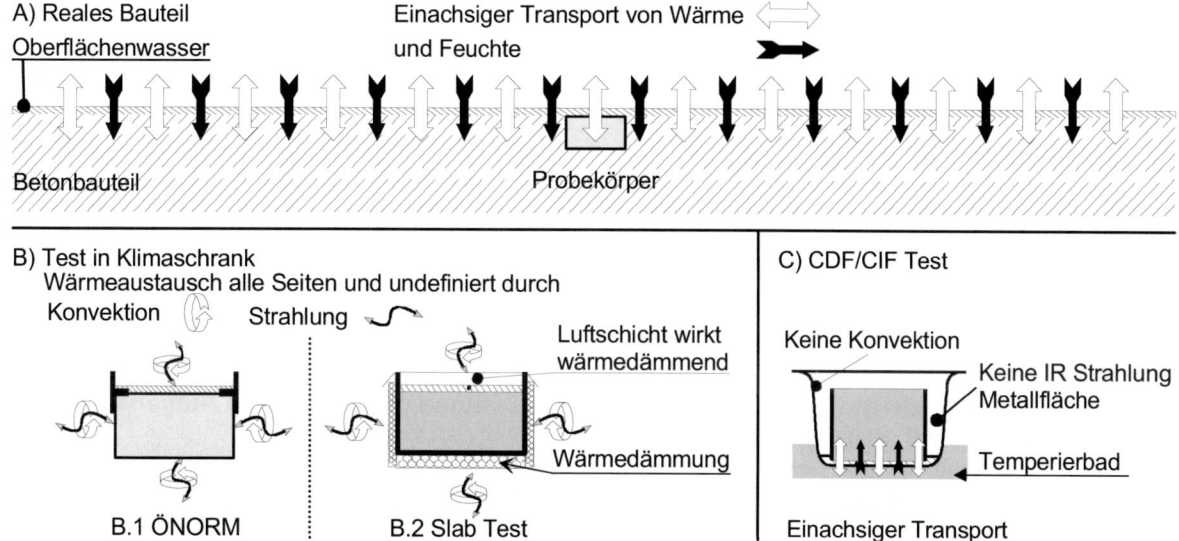

Abb. 6: Vergleich von Frost-Tau-Angriff auf reale Konstruktionen (A) – ebenes Problem – mit der Laborprüfung; hier sind die Seitenflächen des Prüfkörpers relevant. Sie müssen vor allem auch thermisch so isoliert sein, dass die Bedingungen der Praxis simuliert sind. In alten Verfahren (B.1) ist das nicht erfüllt. Im Slab Test (B.2) sind die Seitenflächen isoliert; die Luftschicht ist aber auch eine Dämmung. In CDF/CIF Test verhindert die Metalloberfläche des Behälters Strahlungsaustausch, die geringen Abstände Konvektion.

Feststoff aus. Der Gefrierpunkt der „normalen" Kapillarporenlösung liegt – ohne Unterkühlung durch Nukleation – bei ca. -1,5 °C; er ist somit vernachlässigbar. Die gelösten Stoffe werden also im ungefrorenen Gelporenwasser angereichert.

Stark vereinfacht kann man abschätzen, wie die Komponente des elektrostatischen Teils des Spaltdrucks mit der Konzentration der Porenlösung abnimmt. Nach Verwey und Overbeek (Israelachvili) kann man ihn bei niedrigen Oberflächenpotentialen – niedrigen Oberflächenladungen σ – nach Gleichung 3 berechnen.

$$\Pi_{el} \approx 2\sigma^2 \exp\left\{-\frac{\kappa D}{\varepsilon\varepsilon_0}\right\} \qquad (3)$$

mit

σ   Oberflächenladungsdichte
D   Abstand der Flächen
ε, ε_0 relative und globale Dielektrizitätskonstante
$1/\kappa$ (hier) Debye-Länge

Die Debye-Länge hängt von der Ionenkonzentration in der Lösung ab z.B. bei 25 °C

$$\frac{1}{\kappa} = \begin{cases} 0{,}304/\sqrt{[NaCl]}\ nm \\ 0{,}176/\sqrt{[CaCl_2]}\ nm \end{cases} \qquad (4)$$

mit [] Konzentration in mol/dm³

Man erkennt, dass die Debye-Länge mit der Konzentration abnimmt und damit auch in erheblichem Maß der elektrostatische Spaltdruck (siehe Glei-

chung (3)). Zusammen mit dem Strukturterm wirkt er abstoßend; beide kompensieren zusammen den anziehenden van der Waals Term. Dieses Zusammenspiel der Komponenten des Spaltdrucks stabilisieren das Gelgefüge des Zementsteins (siehe dazu SLGS Modell des Zementsteins). Eine Abnahme des elektrostatischen Teils des Spaltdrucks bewirkt somit ein zusätzliches Frostschwinden.

Diese Effekte sind besonders relevant und verstärkt, wenn mit dem Frostsaugen von außen gelöste Ionen in den Beton transportiert werden. Da die Eindringtiefe durch Chromatographieeffekte stark begrenzt ist, gilt das vor allem im oberflächennahen Bereich d.h. bei der Oberflächenabwitterung.

Versuchsdaten von Auberg haben gezeigt, dass schon unterschiedliche Trinkwasserqualität einen signifikanten Einfluss hat.

4 Instationäre Transportvorgänge – Korrelation zwischen Praxis und Frostprüfung

Die dynamischen Prozesse unter Frost-Tau-Belastung müssen auch bedacht werden, wenn eine Frostprüfung praxiskonform durchgeführt werden soll.

Wesentlich ist, dass dem Frostschaden stets ein Transport vorangeht, der wiederum durch das dynamische Temperaturwechselfeld gesteuert wird. In realen Betonbauteilen wird die Wärme einachsig, senkrecht zur Bauteiloberfläche transportiert ebenso wie das Oberflächenwasser. Es ist folglich wichtig diesen dynamischen Vorgang im Labortest adäquat – und möglichst einfach – zu realisieren.

In älteren Tests (siehe Abb. 6 B.1), die bevorzugt in luftgekühlten Klimakammern durchgeführt wurden, ist das wenn überhaupt nur mit großem Aufwand möglich. Nach den Gesetzen der technischen Thermodynamik findet hier die Wärmeübertragung zu ca. 50 % durch Konvektion und zu weiteren 50 % selbst bei niederen Temperaturen durch Strahlung statt; durch die geringe thermische Leitfähigkeit der Luft spielt die Wärmeleitung praktisch keine Rolle. Ohne besondere Maßnahmen findet der Wärmetransport bei einem Prüfkörper – im Gegensatz zur Praxis – über alle Flächen ab. Je nachdem wie die Probekörper in einer Klimakammer angeordnet sind, wird die Wärmeübertragung höchst unterschiedlich sein. Z.B. „sieht" eine Oberfläche nur die Temperaturen, die auch optisch einer IR Strahlung zugänglich sind.

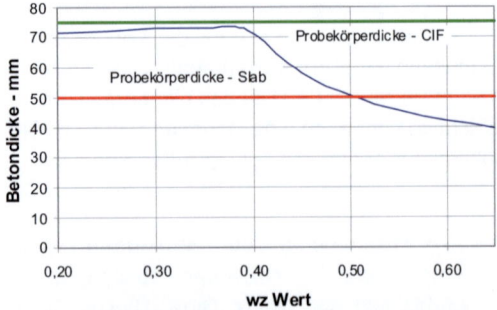

Abb. 7: Abschätzungen der Betonschicht, die den gleichen Wärmeverbrauch zwischen 0°C und -10 °C hat wie eine 5 mm dicke Wasserschicht als Prüflösung an einer Beanspruchungsfläche. (Praktisch gleiche Werte erhält man bei einer 3% NaCl-Lösung)

Beim Design des Schwedischen Slab Tests (siehe Abb. 6 B.2) hat man dieses Problem auch erkannt und die Seitenflächen des Probekörpers thermisch gedämmt. Allerdings hat man auch einen Verdunstungsschutz vorgesehen, der eine konstante Prüflösung gewährleisten sollte. Die Luftschicht zwischen der Prüflösung und der Folie wirkt aber ebenfalls wärmedämmend. Versuche von Studer [15] (EMPA Schweiz) und eigene Messungen zeigen, dass auch im Slab Test der Probekörper über alle Seiten gleichmäßig abkühlt.

Das Problem wird verschärft, wenn auf dem Prüfkörper eine Flüssigkeitsschicht angeordnet ist. Während des Gefrierens verbraucht 1 mm Prüflösung in etwa gleich viel Wärme wie 10 mm Beton. Eine – übliche – Dicke der Lösung von 5 mm kompensiert somit einen 50 mm dicken Probekörper. Bei einem Frost-Tau-Wechsel treffen die eindringenden Wärmewellen über die Prüflösung und über den Prüfkörper in unmittelbarer Nähe der Testfläche aufeinander. Die Frostpumpe wirkt daher nur noch eingeschränkt und vor allem völlig undefiniert. Die Folge sind verlängerte Prüfzeiten und erhöhte Prüfstreu-

ung. Die genaueren Wärmemengen sind in Abb. 7 dargestellt.

Im CDF/CIF Test (Abb. 6 C) unterdrückt die Metalloberfläche des Behälters den Strahlungsaustausch. Die Konvektion wird weitgehend verhindert durch kleine Abstände, sodass die Luft als das wirkt, was sie besonders effizient kann, nämlich als Dämmung. Der Wärmetausch wird über ein Bad erzielt. Ein einachsiger Wärmestrom ist damit nachgewiesenermaßen gewährleistet. Auch die Schichtdicke der Prüflösung ist durch Abstandshalter definiert.

5   Stand und zukünftige Aufgaben

Die makroskopischen und semimakroskopischen Vorgänge während eines Frost-Tau-Angriffs sind mittlerweile weitgehend bekannt und können umgesetzt werden.

Wir wissen, dass die beachtenswert hohe Dauerhaftigkeit des Betons unter Frost-Tau-Angriff dadurch gewährleistet ist, dass die kritische Sättigung erst nach vielen Frost-Tau-Wechseln – wenn überhaupt – erreicht wird. Dies ist auf den Transportwiderstand zurückzuführen, den ein guter Beton gegenüber der Frostpumpe aufweist.

Im Labor lassen sich die praxisrelevanten Fälle auch angemessen simulieren, wenn die entsprechenden Gesetze der technischen Thermodynamik beachtet werden. Allerdings ist wegen der dynamischen Vorgänge sorgfältige Planung zwingend erforderlich.

Auch die Transportvorgänge im submikroskopischen Bereich sind durch die Mikroeislinsenpumpe zumindest im Kern erfasst und können im Labor mit einfachen Prüfmethoden auch phänomenologisch gut beobachtet und gemessen werden.

Dadurch ist die innere Schädigung mit guter Sicherheit simulierbar.

Mit der Mikroeislinsenpumpe wird aber nur die Oberflächenthermodynamik des Wassers erfasst. Die physikalisch chemischen Probleme, die sich aus der Dynamik der Ionen gerade im submikroskopischen Gelbereich ergeben, müssen noch sehr viel genauer bekannt sein. Für die Abwitterung sind sie von signifikanter Bedeutung.

6   Literatur

[1]   Powers, T.C. (1945): A Working Hypothesis for Further Studies of Frost Resistance of Concrete. J. ACI Proc., 41, p. 245-272

[2]   Powers, T.C. (1949): The Air Requirement of Frost Resistant Concrete. Proc. Highway Res. Board, V 29, p. 184-211

[3]   Helmuth, R.A.; Turk, D.H. (1966): Elastic Moduli of Hardened Cement Paste and Tricalcium Silicate Pastes: Effect of Porosity. Special Report 90, Highway Research Board, Washington

[4]   Helmuth, R.A. (1972): Investigations of the Low Temperature Dynamic Mechanical Response of Hardened Cement Paste. Dept. of Civil Engineering, Stanford Univ., Technical Report 154

[5]   Fagerlund; G. (1973): Significance of critical degrees of saturation at freezing of porous and brittle materials. Lund Institute of Technology, Div. Building Techn. Rep. 40.

[6]   Fagerlund, G.: Internal frost attack - State of the art. In [13] p. 321

[7]   Setzer, M.J. (1999): Mikroeislinsenbildung und Frostschaden. In.: Eiligehausen R. (Hrsg.): Werkstoffe im Bauwesen – Theorie und Praxis (Construction Materials – Theory and application). Ibidem, Stuttgart. P. 397-413

[8]   Setzer, M.J.: Mechanical stability criterion, triple phase condition, and pressure differences of matter condensed in a porous matrix. J. Coll. Interface Sci. 235, 170-182 (2001)

[9]   Setzer, M.J.: Micro-ice-lens formation in porous solid. J. Coll. Interface Sci. 243, 193-201 (2001)

[10]   Setzer, M. J.: Development of the micro-ice-lens model. In [14]

[11]   Setzer, M. J.; Liebrecht, A. (2002): Frost dilatation and pore system of hardened cement paste under different storage conditions. In [14]

[12]   Auberg, R.: Zuverlässige Prüfung des Frost- und Frost-Tausalzwiderstands. Dissertation Universität Essen 1998

[13]   Setzer, M.J.; Auberg, R. eds.: Frost Resistance of Concrete RILEM Proc. 34. Spon, London 1997

[14]   Setzer, M.J.; Auberg, R. Keck, H.J. (eds.): Frost resistance of concrete – from nanostructure and pore solution to application and testing. RILEM

[15].   Studer: Temperaturverteilung in Prüfverfahren des Slab-Test. Pers. Mitteilung RILEM TC FDC

[16]   Kruschwitz, J.: Instationärer Angriff auf nanostrukturierte Werkstoffe – eine Modellierungdes Frostangriffs auf Beton. Mitt. Inst. f. Bauphysik und Materialwissenschaft, Universität Duisburg-Essen. Heft 14. Cuvillier Göttingen (2008)

[17]   Kruschwitz, J., Setzer, M. J.: From nano to macro – modelling freeze-thaw characteristics of cementitious materials. in: Tanabe, T.; Sakata, K.; Mihashi, H.; Sato, R. Maekawa K.; Nakamura H. (eds.): Creep, shrinkage and durability mechanics of concrete and concrete structures. CRC Press, Balkema (2008), p. 957.

7   Autor

Prof. Dr. rer. nat. Dr.-Ing. habil. Max J. Setzer
Fakultät für Ingenieurwissenschaften,
Abteilung Bauwissenschaften
Universität Duisburg-Essen
Universitätsstr. 15
45117 Essen

Beurteilung von Feuchte- und Chloridprofilen verschiedener Bauteile

Michael Raupach

Zusammenfassung

Bei der Klassifizierung des Frost- und Frost-Tausalz-Widerstands von Beton kommt der Beurteilung der zu erwartenden Feuchte- und Chloridverteilung der oberflächennahen Betonrandzone eine ganz besondere Bedeutung zu. Bekannterweise ist ein hoher Grad der Wassersättigung des Betons Voraussetzung für mögliche Frostschäden. Dieser ist allerdings sowohl von den Betoneigenschaften, als auch naturgemäß in erheblichem Maße von den Expositionsbedingungen, insbesondere bezüglich Beregnung oder direkter Wasserbeaufschlagung bis hin zu einer möglichen Pfützenbildung abhängig. Für eine Bewertung der Gefahr von Frost- oder Frost-Tausalz-Schäden müssen daher die zu erwartenden Feuchte- und Chloridprofile beurteilt werden. Der vorliegende Beitrag beschäftigt sich daher zunächst kurz mit den Transportvorgängen von Feuchte und Chlorid im Beton und anschließend mit den Einsatzmöglichkeiten der Multiring-Elektrode, die eine zeit- und tiefenabhängige Bestimmung von Feuchteprofilen im Beton ermöglicht.

1 Allgemeines

Der Transport von Wasser und Chloriden in den Beton und im Beton ist bereits seit Jahrzehnten Gegenstand zahlreicher Untersuchungen, da sämtliche dauerhaftigkeitsrelevanten Prozesse im Beton erheblich vom Wasserhaushalt und zum Teil auch der Chloridverteilung im Beton abhängig sind.

Eine exakte Modellierung des Wasser- und Chloridtransportes im Beton ist allerdings aus mehreren Gründen schwierig: Das Porengefüge des Betons ist äußerst komplex aufgebaut und von zahlreichen betontechnologischen Parametern abhängig, die sich gegenseitig beeinflussen. Ferner liegen die Porenradien in einem weiten Bereich, so dass die Poren i. d. R. unterschiedliche Wasserfüllungsgrade aufweisen. Letztlich sind die Umgebungsbedingungen (Feuchte, Temperatur, CO_2, Chlorid, etc.) durch mikroklimatische Besonderheiten und zeitliche Schwankungen geprägt. Aus diesen Gründen sind erhebliche Vereinfachungen erforderlich, um den Transport von Flüssigkeiten im Beton beschreiben bzw. prognostizieren zu können.

Die folgenden Ausführungen beschränken sich daher auf praxisrelevante und allgemein anerkannte Grundlagen des Transportes von Wasser und Chlorid sowie die Bestimmung und Beurteilung von Feuchte- und Chloridprofilen im Beton mit Hilfe der sogenannten Multiring-Elektrode, die am Institut für Bauforschung der RWTH Aachen, ibac, vor nunmehr genau 20 Jahren entwickelt wurde.

2 Transportmechanismen von Wasser im Beton

Beim Transport von Wasser im Beton werden bekannterweise vier unterschiedliche Mechanismen unterschieden:

- Kapillartransport von Wasser in nicht gesättigtem Beton,
- Permeation durch einwirkenden Wasserdruck,
- Wasserdampfdiffusion in nicht gesättigtem Beton und
- osmotische Vorgänge.

Beim Kapillartransport wird das Wasser sehr schnell in den Beton eingesogen. Man kann dabei zwischen dem Einsaugen des Wassers von außen in die Betonrandzone und einem Weiterverteilen in den nicht gesättigten Beton differenzieren.

Steht ein Wasserdruck an einem Betonbauteil an, so erfolgt ein Wassertransport durch Permeation. Dies ist beispielsweise bei Wasserbauwerken i. d. R der Fall. Der Wasserdruck wird allerdings im Beton schnell abgebaut, so dass die Wasserpermeation im Beton häufig überschätzt wird. Bezüglich einer Frostgefährdung sind Flächen, die direkt dem Wasser und im Winter Minustemperaturen ausgesetzt sind, natürlich besonders kritisch.

Neben den bisher genannten Transportvorgängen, bei denen der Beton zumindest lokal nahezu wassergesättigt wird, tritt im nicht wassergesättigten Beton eine Wasserdampfdiffusion auf, wenn Konzentrationsunterschiede bestehen (Dampfdruck).

Schließlich werden als Transportmechanismus i.d. R. noch osmotische Vorgänge genannt. Diese werden im Beton jedoch als vernachlässigbar angesehen.

Beim Transport von Wasser im Beton sind naturgemäß Risse, insbesondere auch Mikrorisse zu berücksichtigen, da Wasser im Rissbereich recht schnell transportiert werden kann.

Vor der Diskussion von Feuchteprofilen wird nun zunächst der Transport von Chloriden im Beton behandelt.

3 Transport von Chloriden in den Beton

Chloride sind negative Ionen von Salzen. Baupraktisch sind folgende Salze von Bedeutung

- NaCl (Natriumchlorid, z. B. Kochsalz, Tausalze, Meerwasser)
- $CaCl_2$ (Calciumchlorid, z. T. als Tausalz eingesetzt oder im Meerwasser),
- $MgCl_2$ (Magnesiumchlorid z. T. im Tausalz beigemischt oder im Meerwasser).

Chloride können entweder aus Tausalzanwendung, aus dem Meerwasser oder aus der Luft (Seeluft, nach PVC-Bränden) in den Beton gelangen. Der Chloridtransport erfolgt über das Porenwasser. Im Gegensatz zur Karbonatisierung handelt es sich hier also um eine Diffusion von Chloridionen in wassergefüllten Poren. Je größer der Wassergehalt des Betons ist, desto größer kann bei sonst gleichen Bedingen die Eindringgeschwindigkeit von Chlorid sein.

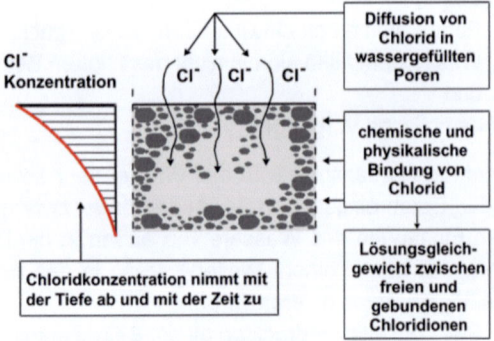

Abb. 1: Eindringen von Chloriden

Bei der Karbonatisierung des Betons wird eine mehr oder weniger scharfe Alkalitätsgrenze, die so genannte Karbonatisierungsfront, beobachtet. Im Gegensatz dazu ergibt sich beim Eindringen von Chloriden immer ein Chloridkonzentrationsprofil, das mit dem Abstand von der Betonoberfläche und mit der Zeit bzw. der Beaufschlagungsdauer mit Chloriden in der Regel zunimmt. Der Zementstein ist in der Lage, eine gewisse Menge von Chloriden chemisch und physikalisch zu binden. Die chemischen Reaktionsprodukte sind vorwiegend Friedel'sches Salz.

Wenn Chloride mit Betonoberflächen in Kontakt kommen, ist dies immer auch mit einem Angriff von Wasser verbunden, da Chloride nur in gelöster Form beweglich sind. Zur Beschreibung des Chlorideindringvorganges in den Beton wird häufig das 2. Fick'sche Diffusionsgesetz verwendet:

$$C(\Delta x, t) = C_{s,\Delta x} \cdot \left[1 - erf\frac{(x - \Delta x)}{2 \cdot \sqrt{D_{Eff,C}(t) \cdot t}}\right] \qquad (1)$$

mit:

$C(\Delta x, t)$: Chloridgehalt in der Tiefe x und Zeit t [M.-%/Zement]
$C_{s,\Delta x}$: Chlorid(ersatz)oberflächenkonzentration [M.-%/Zement]
erf: Fehlerfunktion
$X, \Delta x$: Tiefe bzw. Ersatztiefe [m]
$D_{Eff,C}$: Effektiver (Scheinbarer) Chloriddiffusions-Koeffizient [m²/s]
t: Betonalter [s]

mit

$$D_{Eff,C}(t) = k_e \cdot D_{RCM,0} \cdot k_t \cdot A(t) \qquad (2)$$

mit:

$D_{RCM,0}$: Chloridmigrationskoeffizient zum Referenzzeitpunkt [m²/s]
k_e: Parameter zur Berücksichtigung des Temperatureinflusses
k_t: Übertragungsparameter zur Berücksichtigung der Prüfmethode
$A(t)$: Term zur Berücksichtigung der zeitlichen Entwicklung von $D_{Eff,C}$

und dem Alterungsterm

$$A(t) = \left(\frac{t_0}{t}\right)^a \qquad (3)$$

mit:

t_0: Referenzzeitpunkt [s]
t: Betonalter [s]
a: Alterungsexponent

Wird der Beton kontinuierlich mit chloridkontaminierten Lösungen beaufschlagt, kann mit Hilfe der Gleichung 1 meist ein ausreichend präzises Chloridprofil bestimmt werden. Ist die Beaufschlagung intermittierend kommt es im oberflächennahen Bereich zu Abweichungen vom Fick'schen Diffusionsverhalten.

Der Feuchtehaushalt in oberflächennahen Betonbereichen ist durch den Wechsel von Spritzwasserbeaufschlagung und anschließender Verdunstung ständigen Schwankungen unterworfen. Mit diesen Feuchteschwankungen im oberflächennahen Bereich (Konvektionszone) gehen die nachfolgenden Effekte einher, aufgrund derer es zu Abweichungen vom Fick'schen Diffusionsverhalten kommt:

- Huckepack-Transport von Chloriden mit kapillar eindringenden Lösungen,
- Rücktransport von Chloriden bei Austrocknung,
- karbonatisierungsbedingte Veränderung der Chloridbindekapazität und
- Veränderung der Chloridbindekapazität durch Auslaugeffekte.

Wenn Wassertransportvorgänge im Beton nicht stattfinden, können Chloride nur auf dem Wege der Diffusion infolge von Konzentrationsunterschieden von Chlorid an der Betonoberfläche und im Betoninneren eindringen. In praktisch allen Fällen werden aber Wassertransportvorgänge mit im Spiel sein. Dabei können mit dem Wassertransport Chloridionen mittransportiert werden („Huckepack-Transport"). Weiterhin spielen Bindevorgänge in der Zementsteinmatrix auf die Eindringeschwindigkeit von Chloriden in den Beton eine wesentliche Rolle: Je mehr Chlorid von der Zementmatrix gebunden werden kann, desto langsamer können bei sonst gleichen Bedingungen an der Betonoberfläche Chloride ins Betoninnere vordringen.

Die Transportvorgänge in den Betonporen sind im Einzelnen komplex und noch nicht vollständig geklärt. Verschiedene Modellvorstellungen zum Chloridtransport in den Betonporen werden z. B. in [1] diskutiert. Eine wesentliche Rolle spielt dabei die Ausbildung der Kontaktzone zwischen Gesteinskörnungen und Zementstein, die Porengeometrie (fiktive Durchmesser der Poren) und die zwischen den Chloriden in der Porenlösung und den Porenwandungen wirkenden Kräfte. Eine auf differenzierte Kenndaten des Porensystems basierende zuverlässige Modellierung des Chlorideindringens in den Beton ist derzeit noch nicht möglich.

Das Eindringen von Chloriden in den Beton wird daher i. d. R. auf Grundlage der Fick´schen Diffusionsgesetze beschrieben. Ein darauf aufbauendes Modell zur Berücksichtigung weiterer Einflüsse beim Chlorideindringen enthält [2].

Im Europäischen Forschungsprojekt DURACRETE wurde ein auf den Fick´schen Diffusionsgesetzen basierendes Bemessungsmodell für das Chlorideindringen entwickelt, das auch in den fib model code zur Lebensdauerbemessung [9] aufgenommen wurde. Als Referenztest für den Chlorideindringwiderstand wird darin auf den Chloridmigrationstest (RCM-Test) zurückgegriffen.

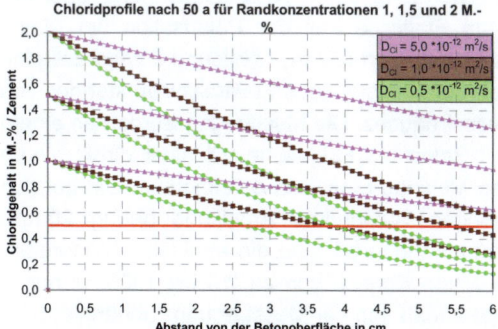

Abb. 2: Berechnete Chloridprofile nach 50a Einwirkung für verschiedene Diffusionskoeffizienten und Randkonzentrationen ohne Berücksichtigung von Auswascheffekten

Abbildung 2 verdeutlicht den starken Einfluss der Randkonzentration auf die Höhe der zur erwartenden Chloridkonzentrationen. Zur Höhe der Randkonzentrationen des Chloridgehaltes in Abhängigkeit von den Umgebungsbedingungen liegen zahlreiche Veröffentlichungen vor, z. B. [3] und [4]. Für spezielle Expositionsbedingungen müssen entsprechende Abschätzungen erfolgen, wie z. B. für Fahrspuren und Stellplätze in Parkhausbauten [5]. Durch die zunehmende Verbreitung der Anwendung dieses Modells vergrößert sich die Datenbasis für die benötigten Parameter, so dass die erreichbare Zuverlässigkeit der Prognosen zum Chlorideindringen ebenfalls zunimmt.

4 Bestimmung von Feuchteprofilen

4.1 Feuchtemessverfahren

Bei den Verfahren zur Bestimmung des Wassergehaltes muss zwischen direkten und indirekten Methoden unterschieden werden. Direkte Methoden geben ohne weitere Kalibriermessung die Baufeuchte quantitativ an (Darr- und CM-Methode). Zu den indirekten Methoden zählen praktisch alle weiteren Verfahren. Zur Bestimmung des Wassergehaltes ist in diesen Fällen eine für jedes Projekt individuelle Kalibrierung erforderlich. Weitere Verfahren wie der Folientest ergeben keinen quantitativen Messwert sondern nur eine qualitative Aussage zur Einstufung des Feuchtegehaltes.

Tab. 1: Übersicht Feuchtemessverfahren

Messprinzip	Verfahren / Messgröße
gravimetrisch	Trocknung
	Dampfdrucksenkung
chemisch	Calcium-Carbid-Methode
	Karl-Fischer-Tinktur
thermometrisch	Wärmeleitfähigkeit
	Infrarot
hygrometrisch	Ausgleichsfeuchte
elektrisch, Frequenz < 100 MHz	Leitfähigkeit
	Kapazität
Frequenz > 100 MHz	Mikrowellen
kernphysikalisch mit Emission ionisierender Strahlung	Gammastrahlen
	Röntgenstrahlen
	Neutronenstrahlen
ohne Emission ionisierender Strahlung	Magnetische Kernresonanz NMR
optisch	IR-Reflektographie
akustisch	Ultraschall (Transmission)

In Anlehnung an [6] lassen sich die Feuchtemessverfahren für Baustoffe in verschiedene Methoden einstellen.

Bei der Darr-Methode handelt es sich um eine nicht zerstörungsfreie Methode, die jedoch einen absoluten Feuchtewert liefert. Weitere Parameter wie die erforderliche Anzahl der Proben sind in werkstoffspezifischen Normen (z. B. DIN EN ISO 12570:2000) festgelegt.

Es handelt sich bei der Darr-Methode um eine relativ kostengünstige Methode. Sie stellt von allen Methoden die genaueste dar, wird jedoch in der

Regel nicht auf der Baustelle durchgeführt. Zwar ist der technische Aufwand gering, jedoch nimmt eine Messung in der Regel mehrere Tage bis Wochen in Anspruch, je nachdem wie schnell der Baustoff das nicht chemisch gebundene Wasser abgibt.

Das Probenmaterial, das dem Bauteil ohne Wärmeentwicklung entnommen wurde, wird zunächst feucht gewogen. Anschließend wird der Feuchtegehalt als auf die Ausgangsmasse bezogener Masseverlust nach Trocknung bestimmt, die bis zur Gewichtskonstanz bei 105 °C durchgeführt wurde. Bereits bei der Probenahme ist darauf zu achten, dass keine Feuchtigkeit aus der Probe entweicht (z. B. durch Wärmeentwicklung bei der Bohrkernentnahme). Ebenso muss die Probe bis zur weiteren Verarbeitung durch wasserdampfdichtes Verpacken gegen Ausdunsten geschützt sein.

Es ist durch Probenahme aus unterschiedlichen Tiefen möglich, ein Tiefenprofil zu erstellen. So kann ggf. auf die Ursache der Feuchtebelastung geschlossen werden, z. B. bei rückseitiger Durchfeuchtung. Als Ergebnis wird ein Absolutwert für den Wassergehalt erhalten. Für die Interpretation des Sättigungsgrades muss zusätzlich der Wassergehalt des Betons bei Wassersättigung bekannt sein, der von den betontechnologischen Eigenschaften des Bauteils abhängt.

Es wird empfohlen, die Darr-Methode zur Ermittlung von Referenzwerten für alle weiteren Methoden heranzuziehen. Nach Kalibrierung eines zerstörungsfreien Messverfahren kann mit diesem auch eine größere Anzahl Messwerte aufgenommen werden, was zu einer genaueren Einschätzung der Feuchteverteilung einer größeren Betonfläche führt, sofern von den gleichen Betoneigenschaften ausgegangen werden kann.

Beim CM-Gerät handelt es sich um eine relativ kostengünstige Methode, die sehr weit verbreitet ist. Der Messaufwand ist gering und eine Messung dauert nur ca. 15 min. Calciumcarbid (CaC_2) reagiert sehr schnell mit Wasser unter Bildung von Acetylen-Gas (C_2H_2). Die Reaktionsgleichung ist folgend dargestellt:

$$CaC_2 + 2\,H_2O \rightarrow Ca(OH)_2 + C_2H_2$$

Bei der Reaktion wird lediglich nicht chemisch gebundenes Wasser umgesetzt. Das entstehende Gasvolumen ist direkt der Menge des umgesetzten Wassers proportional und wird über Druckmessung bei entsprechender Einwaage in sog. CM.-% angezeigt. Es werden gegenüber der Darrmethode niedrigere Wassergehalte erhalten, daher ist hier die Einheit CM.-% zu verwenden. Die Differenz kann zwischen 0,5 und 2 M.-% liegen und beträgt i. d. R. etwa 1 - 1,5 M.-%.

Daher ist eine Kalibrierung in Erwägung zu ziehen, wenn ein Vergleich zwischen CM-Werten und Feuchtegehalten mittels Darr-Methode gefordert ist.

Für die Bestimmung des Wassergehaltes im Beton sind außerdem zahlreiche Messgeräte verfügbar, die nach den in Tabelle 1 beschriebenen Prinzipien arbeiten und hier nicht im Einzelnen behandelt werden können. Häufig wird ein Messkopf auf die Betonoberfläche gehalten und ein Wassergehaltswert in digitaler Form angezeigt. Insbesondere bei starken Gradienten des Wassergehaltes über die Betontiefe können jedoch mehr oder weniger starke Abweichungen von den tatsächlichen Wassergehalten auftreten.

4.2 Feuchteprofile von Laborprüfkörpern

Für die kontinuierliche Bestimmung des Wassergehaltes und insbesondere für Änderungen des Wassergehaltes eignen sich Sensoren, mit denen der Wassergehalt des Betons indirekt über den elektrischen Widerstand des Betons gemessen wird.

Um tiefenabhängige Wassergehaltsprofile bestimmen zu können wurde die so genannte Multiring-Elektrode entwickelt. Das Prinzip der Multiring-Elektrode (MRE) besteht in der Messung des Elektrolytwiderstandes zwischen je zwei benachbarten Ring-Elektroden aus nichtrostendem Stahl, die in unterschiedlichen Tiefen eingebaut sind. Standardmäßig ist die MRE aus neun Ringen mit einer Dicke von je 2,5 mm aufgebaut, die voneinander durch Kunststoffringe isoliert im Achsabstand von 5 mm gehalten sind Abbildung [4]. Durch Anlegen einer Wechselspannung zwischen jeweils zwei nebeneinander liegenden Ringen (Ring 1 – Ring 2, 2-3, 3-4...) ist es möglich, ein Profil des spezifischen Widerstandes in acht Schritten von 7 mm bis in 42 mm Tiefe zu erfassen. Die dazu notwendige Zellkonstante der Multiring-Elektrode (Geometriefaktor) konnte experimentell und durch numerische Simulationen übereinstimmend zu k = 0,1 m ermittelt werden.

Für die Messung des Elektrolytwiderstandes ist die Verwendung einer Wechselspannung erforderlich, um Einflüsse aus der Polarisation der Messelektroden zu vermeiden. Abbildung 2 zeigt beispielhaft die Abhängigkeit des Elektrolytwiderstandes von der Messfrequenz. Die Messungen wurden an einem CEM I Beton mit Flugasche mit einer direkt eingebauten Multiring-Elektrode durchgeführt. Die bei den Messungen verwendete Amplitude betrug 20 mV. Wie zu erkennen ist, sind die ermittelten Widerstände in einem Bereich von ca. 10 bis 1000 Hz nur in geringem Maß von der Messfrequenz abhängig.

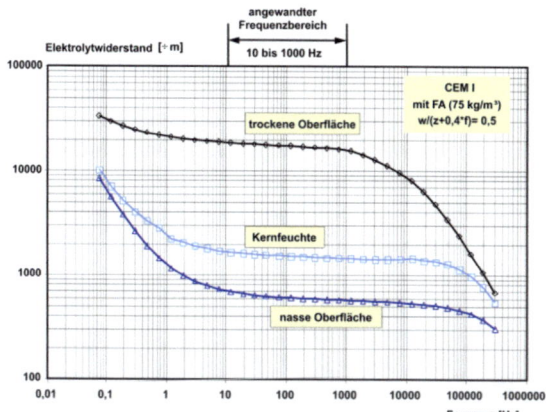

Abb. 3: Einfluss der Messfrequenz

Die spezifischen Widerstände eines weitestgehend hydratisierten, wassergesättigten Betons liegen i.d. R. bei etwa 500 Ωm. Bei fortlaufender Austrocknung des Betons von der Randzone ausgehend bis in den Kern steigen die Widerstände um einige Dekaden an. Betonbauteile in Innenräumen können nach Jahren Widerstände im 10 $M\Omega m$-Bereich erreichen. Damit reicht das Widerstandsspektrum eines Betons vom Bereich guter Leitfähigkeit bis in den Bereich eines Isolators.

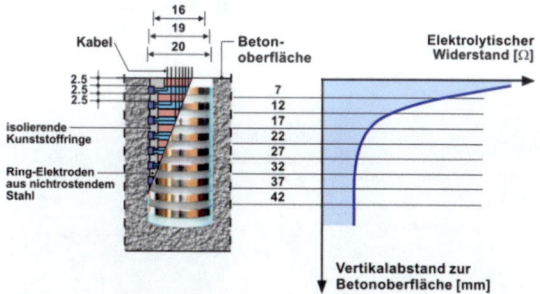

Abb. 4: Multiring-Elektrode – Aufbau und Funktionsweise

Der Einbau geschieht entweder direkt durch Einbettung in den Frischbeton, indem die Multiring-Elektrode an der Schalung befestigt wird, oder nachträglich in Bohrlöcher mit Hilfe eines speziellen Ankopplungsmörtels.

Abbildung 3 zeigt den zeitlichen Verlauf des tiefenabhängigen relativen Elektrolytwiderstandes bei einem Laborversuch während der ersten 3 Tage einer Wasserlagerung. Deutlich zu erkennen ist das schnelle Abfallen des Widerstandes in der äußeren Lage (7 mm) und die erforderliche Zeit, bis zu der die Feuchte die einzelnen Tiefenlagen erreicht.

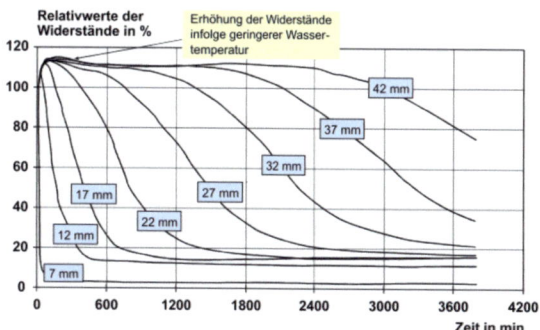

Abb. 5: Widerstandsprofile bei Wasseraufnahme

Zur quantitativen Umrechnung der mit der Multiring-Elektrode gemessen Elektrolytwiderstände in absolute Baustoff-Feuchten ist eine Kalibrierung des entsprechenden Baustoffs hinsichtlich seiner Wassergehalt-Elektrolytwiderstand-Relation notwendig. In Abbildung 6 sind Kalibrierkurven eines reinen CEM I Betons, eines flugaschehaltigen CEM I Betons und eines Ankopplungsmörtels dargestellt.

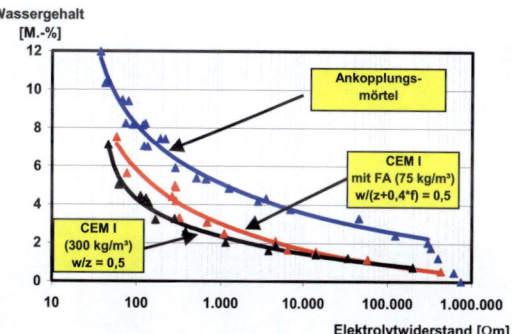

Abb. 6: Kalibrierkurven unterschiedlicher Betone und Mörtel

Die Wassergehalte sind hierbei auf den darrtrockenen Baustoff nach 105 °C Ofentrocknung bezogen.

Abb. 7: Befestigung der Elektroden

Für eine sachgerechte Interpretation von Wassergehalten aus el. Widerstandswerten ist folgendes zu beachten:

- Bei wechselnden Temperaturen muss eine Temperaturkompensation z.B. nach der Arrhenius-Gleichung erfolgen
- Bei jungen Betonen ist zu beachten, dass der el. Widerstand des Betons im Zuge der fortschreitenden Hydratation zunimmt.

4.3   Feuchteprofile von Neubauwerken

Bei Neubauwerken können die Multiring-Elektroden ähnlich wie unter Laborbedingungen vor dem Betonieren installiert werden. Die Abbildungen 7-9 zeigen exemplarisch den Einbau von zwei tiefenversetzten Multiring-Elektroden und einen Multi-Temperatursensor. Die Sensoren werden an den späteren Messpunkten an der Schalung befestigt. An den Sensoren angeschlossene Kabel werden zu einer Messbox geführt, die an einer später zugänglichen Stelle platziert wird. Auf diese Weise ist es auch möglich, später unzugängliche Bauwerksbereiche zu überwachen.

Abb. 8:   Befestigung der Messbox

Abb. 9:   Einbau der Messelektronik

Die Messungen können an der Messbox von Hand oder über eine Messzentrale erfolgen. Bei abgelegenen Bauwerken werden die Messdaten per Funkmodem ins Institut übertragen und dort ausgewertet. Die Abbildungen 10 und 11 zeigen schematisch die dazu erforderliche Geräteanordnung sowie exemplarisch eine Zentrale, die auf einer Brücke über eine Autobahn installiert ist.

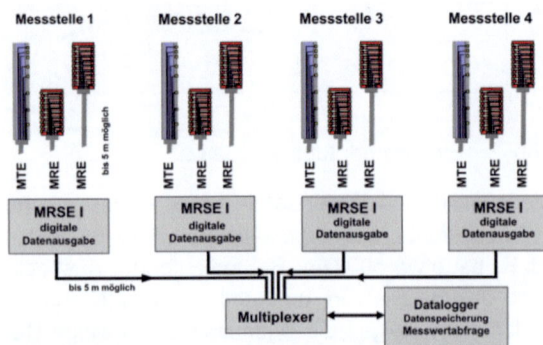

Abb. 10: System mit zentraler Messeinheit

Abb. 11: Zentrale mit Datenübertragung

Abbildung 12 zeigt ein typisches Widerstandsprofil, dass vor und einige Minuten nach einer Wasserbeaufschlagung in einem Tunnel gemessen wurde. Man erkennt, dass bis zu einem Zeitraum von 30 min nach der Wasserbeaufschlagung nur die äußere Betonrandzone bis in eine Tiefe von ca. 15 mm reagiert, d.h. Wasser aufnimmt. Dies entspricht dem bekannten Effekt, dass der Kernbeton von üblichen Regenschauern nicht beeinflusst wird, sondern nur die Betonrandzone.

Umgekehrt zeigt Abbildung 13, dass die Austrocknung des Betons im Gegensatz zur kapillaren Wasseraufnahme nur sehr langsam abläuft. Dort ist der Austrocknungsverlauf eines Zementestrichs über einen Zeitraum von ca. einem Jahr dargestellt. Dieser wurde mit Multiring-Elektroden gemessen, um die Belegreife des Estrichs genauer beurteilen zu können [7]. Man erkennt, dass der Wassergehalt im vorliegenden Fall innerhalb eines Jahres in den oberen 30 mm zwar von ca. 7 M.-% auf unter 5 M.-%

gesunken ist, aber auch nach einem Jahr in einer Tiefe von ca. 25 mm noch etwa 4 M.-% beträgt.

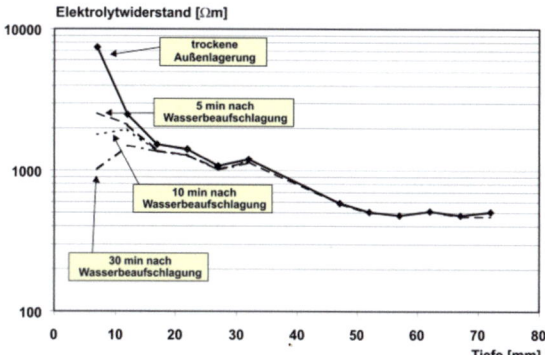

Abb. 12: Beispiel: Wasserbeaufschlagung in einem Tunnel

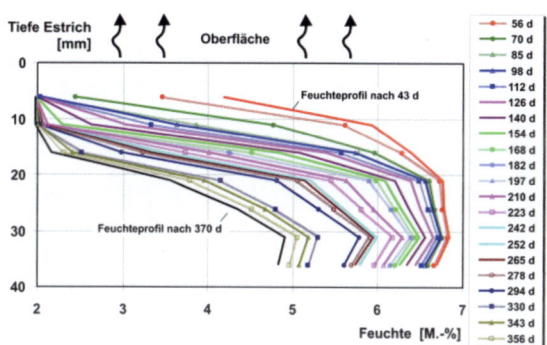

Abb. 13: Beispiel: Austrocknung eines Zementestrichs

Diese Beispiele zeigen, dass mit Hilfe der Multiring-Elektroden wertvolle Daten hinsichtlich der Wasseraufnahme und –abgabe von Beton gewonnen werden können.

5 Bestimmung von Feuchteprofilen bestehender Bauwerke durch den nachträglichen Einbau von Multiring-Elektroden

Um die Feuchteverteilungen bestehender Bauwerke beurteilen zu können ist es erforderlich, Multiring-Elektroden nachträglich in den Beton einzubauen. Dazu werden sie in zuvor erstellten Bohrlöchern eingesetzt und eingemörtelt. Die Mörtelschicht muss dabei möglichst dünn sein und das Feuchteprofil des umgebenden Altbetons annehmen. Ferner darf bei Wasserbeaufschlagung auf der Betonoberfläche das Wasser nicht schneller in den Mörtel als in den Altbeton eindringen. Durch entsprechende Kalibrierversuche kann dann der Zusammenhang zwischen Elektrolytwiderstand und Wassergehalt des Altbetons ermittelt werden. Dies erfordert jedoch eine hohe Sorgfalt bei der Sensorinstallation und führt bedingt durch ungewollte Streuungen der Eigenschaften des Ankopplungsmörtels zu höheren Mess-

unsicherheiten als bei der o.g. direkten Neubauinstallation

Bei ungünstigen Baustellenbedingungen kann es daher vorteilhaft sein, große Bohrkerne aus dem Bauwerk zu entnehmen, die Sensorinstallation im Labor vorzunehmen und anschließend den Bohrkern wieder an der Entnahmestelle im Bauwerk einzusetzen. Die vom Bohren verbleibende Ringnut ist selbstverständlich mit einem geeigneten Material wieder dauerhaft zu verschließen.

Auf diese Weise wurden in den letzten Jahren zahlreiche Installationen durchgeführt, die derzeit noch weiter gemessen und kontinuierlich ausgewertet werden (s. z. B. [8]).

6 Zusammenfassung und Ausblick

Mit Hilfe von Multiring-Elektroden können Feuchteprofile im Beton zeit- und tiefenabhängig indirekt gemessen werden. Dazu sind allerdings die oben genannten Randbedingungen zu beachten.

Durch zahlreiche Installationen in verschiedene Bauwerke mit unterschiedlichen Betonen und Umgebungsbedingungen wächst derzeit die vorhandene Datenbasis an Widerstandsmessungen an. Durch parallel dazu im Labor durchgeführte Kalibrierungen können die Messwerte in Feuchteprofile umgerechnet werden. Dies ermöglicht eine Bewertung relevanter Bauwerksexpositionen hinsichtlich der in Abhängigkeit von den betontechnologischen Eigenschaften zu erwartenden Feuchteprofile.

7 Literatur

[1] Tang, L.; Sandberg, P.: Chloride Penetration into Concrete Exposed Under Different Conditions. London: E & FN Spon, 1996. - In: Durability of Building Materials and Components. Proceedings of the 7th International Conference held in Stockholm, Schweden, 19-23 May 1996, (Sjöström, C. (Ed.)), Vol. 1, S. 453-461

[2] Bamforth, P.B.: Definition of Exposure Classes and Concrete Mix Requirements for Chloride Contaminated Environments. Cambridge: The Royal Society of Chemistry, 1996. - In: Corrosion of Reinforcement in Concrete Construction, 4th International Symposium, Cambridge, UK, 1-4 July 1996, (Page, C.L.; Bamforth, P.B.; Figg, J.W.(Ed.)), S. 176-188

[3] Raupach, M.; Weydert, R.: Bestimmung der Feuchteverteilung in Betonböden mit Einbausensoren. Ostfildern: Technische Akademie Esslingen, 1999. - In: Industrieböden '99 Internationales Kolloquium 12. - 14. Januar 1999, (Seidler, P. (Ed.)), Vol. II, S. 605-610

[4] Leschnik, W.; Schlemm, U.: Zum Stand der Feuchtemesstechnik an Baustoffen. Berlin: Deutscher Ausschuss für Stahlbeton, 2003. - In: Beiträge zum 42. Forschungskolloquium am 20. und 21. März

an der Technischen Universität Hamburg-Harburg, S. 17-28

[5]   Wiens, U.: Zur Wirkung von Steinkohlenflugasche auf die chloridinduzierte Korrosion von Stahl in Beton. Aachen, Technische Hochschule, Fachbereich 3, Diss., 2004 Berlin: Beuth. - In: Schriftenreihe des Deutschen Ausschusses für Stahlbeton (2005), Nr. 551

[6]   Harnisch, J.; Raupach, M.; Wolff, L.: Untersuchungen zur praxisnahen Vorhersage des Chlorideindringens in unbeschichtete Parkbauten. Ostfildern: Technische Akademie Esslingen, 2006. - In: Verkehrsbauten: Schwerpunkt Parkhäuser, 2. Kolloquium, Ostfildern, 31. Januar und 1. Februar 2006, (Gieler-Breßmer, S. (Ed.)), S. 195-204

[7]   Lay, S.: Abschätzung der Wahrscheinlichkeit tausalzinduzierter Bewehrungskorrosion: Baustein eines Systems zum Lebenszyklusmanagement von Stahlbetonbauwerken. München, Technische Universität, Fakultät für Bauingenieur- und Vermessungswesen, Diss., 2006. - urn:nbn:de:bvb:91-diss20060516-1128068577

[8]   Raupach, M.; Dauberschmidt, C.; Wolff, L.; Harnisch, J.: Monitoring der Feuchtverteilung in Beton: Monitoring the Humidity Distribution in Concrete. In: Beton 57 (2007), Nr. 1+2, S. 20-26

[9]   Model Code for Service Life Design. fib Bulletin 34, Fédération Internationale du Béton (fib), Lausanne, 2006

8   Autor

Prof. Dr.-Ing. Michael Raupach
Institut für Bauforschung
RWTH Aachen
Schinkelstraße 3
52062 Aachen

Betontechnologische Grundlagen zur Herstellung frostbeständiger Betone

Michael Haist, Zorana Djuric und Harald S. Müller

Zusammenfassung

Beton ist grundsätzlich frostbeständig, solange er trocken gehalten bzw. sein Wassergehalt begrenzt wird. Ist dies nicht möglich, so muss die Zementsteinstruktur so beeinflusst werden, dass eine Wasseraufnahme verhindert oder zumindest stark eingeschränkt wird. Hierzu sollte die Kapillarporosität, die maßgeblich für den Wassertransport verantwortlich ist, durch Reduktion des Wasserzementwerts auf Werte unter 0,40, minimiert werden. Alternativ kann durch Zugabe porosierender Zusatzmittel ein künstliches Luftporensystem im Beton erzeugt werden, welches die Saugwirkung der Kapillarporen unterbricht. Durch das dadurch generierte Porenvolumen steht dem gefrierenden Wasser zudem Expansionsraum für die Eisbildung zur Verfügung.

Im vorliegenden Beitrag wird zunächst auf die Schädigungsmechanismen und deren Abhängigkeit von der Zementsteinstruktur eingegangen. Anschließend werden die wesentlichen Methoden vorgestellt, mit denen frostsichere Betone hergestellt werden können. Aus diesen grundsätzlichen Überlegungen kann auch auf den Frostwiderstand von Sonderbetonen, wie beispielsweise den des selbstverdichtenden und des hochfesten Betons geschlossen werden. Der Beitrag schließt mit einem Ausblick auf die zur Verfügung stehenden Schädigungs-Zeit-Gesetze und gibt Hinweise zur konkreten Planung frost- bzw. frosttausalzgefährdeter Bauteile.

1 Überblick

Konstruktionsbeton weist aufgrund seiner Zusammensetzung im Allgemeinen eine ausgesprochen hohe Dauerhaftigkeit auf. Dies gilt vom Grundsatz her auch für seine Beständigkeit gegenüber einem Frost-Angriff. Eine Schädigung kann jedoch auftreten, wenn mehrere ungünstige Randbedingungen gleichzeitig erfüllt sind. Hierzu zählen häufige Frost-Tauwechsel mit tiefen Temperaturen in Verbindung mit einem ständigen Wasserzutritt zum Bauteil und einer unzureichenden Frostbeständigkeit des verwendeten Betons.

Die Praxis zeigt, dass auch an sich frostunbeständige Betone eine wiederholte Frostbeanspruchung schadfrei überstehen, wenn eine übermäßige Wasserbeaufschlagung durch konstruktive Maßnahmen verhindert wird. Aber auch bei einer hohen Wassersättigung des Betons kommt es nicht unmittelbar zu einer Schädigung (siehe Abschnitt 2 und [1]). Hierzu sind häufige Frost-Tauwechsel erforderlich, mit denen eine zunehmende Wassersättigung einhergeht. Die physikalischen Ursachen für diesen Prozess werden kurz in Abschnitt 2 dieses Beitrags zusammengefasst. Unter Kenntnis dieser Mechanismen ist es möglich, auch unter ungünstigen Randbedingungen – d. h. häufige Frost-Tauwechsel mit großen Temperaturgradienten und tiefen Temperaturen bei hoher Wassersättigung – Betone herzu-

stellen, die eine hohe Lebensdauer aufweisen. Die betontechnologischen Grundlagen hierfür werden in Abschnitt 3 erläutert.

Abschnitt 4 beschreibt die betontechnologischen Einflussgrößen, die die Frostbeständigkeit von Beton bestimmen. Unter Kenntnis dieser Zusammenhänge ist es dem erfahrenen Betontechnologen möglich, geeignete Mischungszusammensetzungen zu entwickeln.

Neben der Zusammensetzung haben jedoch auch die Art und Weise der Herstellung, des Transports und der Verarbeitung einschließlich Nachbehandlung des Betons Einfluss auf dessen Frostbeständigkeit (siehe Abschnitt 5). Dies ist insbesondere auf die Tatsache zurückzuführen, dass eine Schädigung des Betons i. d. R. von dessen bewitterter Oberfläche ausgeht. Die Eigenschaften der Randzone des Betonbauteils entscheiden somit maßgeblich über die Beständigkeit der Konstruktion. Besonderes Augenmerk gilt folglich der Nachbehandlung des Betons (siehe Abschnitt 6).

Unsicherheit besteht in der Praxis häufig, inwieweit die gängigen Regeln zur Herstellung frostbeständiger Betone auch für moderne Sonderbetone gelten. Abschnitt 7 gibt einen kurzen Überblick über den Stand der Kenntnisse zu diesem Thema.

Zentraler Bestandteil der Baustoffforschung zum Thema Frost ist derzeit die Entwicklung von Prognosemodellen, die nicht nur das Schädigungs-Zeit-Verhalten abbilden, sondern, eingebunden in geeignete statistische Werkzeuge, eine Vorhersage der Lebensdauer des Bauteils unter Berücksichtigung von Reparatur- und Instandsetzungsarbeiten ermöglichen (siehe Abschnitt 8).

Die vorliegenden Ausführungen gelten sowohl für Frost- als auch für Frost-Taumittel beanspruchten Beton. Auf die Besonderheiten der zweiten Beanspruchungsart wird ggf. im Einzelnen hingewiesen.

2 Physikalische Grundlagen der Frostschädigung – eine Einführung

Die Schädigung von Beton durch Frost ist unmittelbar mit der Bildung von Eis an der Betonoberfläche bzw. in dessen Gefüge verbunden. Durch die Phasenzustandsänderung von flüssig zu fest dehnt sich Wasser um ca. 9 Vol.-% aus. Überschreitet der Sättigungsgrad der Poren, in denen sich Eis bildet, einen kritischen Wert – den sog. kritischen Sättigungsgrad –, so reicht der für die Volumenexpansion des Eises zur Verfügung stehende Porenraum nicht aus [2]. In der Pore baut sich ein Sprengdruck auf, der im umgebenden Zementstein zu großen Zugspannungen führen kann. Überschreiten diese Spannungen die Zugfestigkeit kommt es zu einer inneren Rissbildung und damit zu einer fortschreitenden Zerstörung des Betons [3, 4].

Entscheidend für eine Schädigung des Betons ist somit der Sättigungsgrad des Porensystems. Eine kritische Sättigung wird dabei nur bei einer wiederholten Frost-Tauwechselbeanspruchung mit tiefen Temperaturen erreicht [5]. Die Ursachen hierfür wurden von Setzer mit Hilfe des so genannten Mikroeislinsenmodells erklärt [1, 6-9].

Abbildung 1 zeigt den zeitlichen Verlauf der Temperatur und der Dehnung eines Betonbauteils während einer wiederholten Befrostung sowie die damit verbundenen physikalischen Vorgänge. Beton wird hierbei als System bestehend aus Zementstein, der sehr feine Gelporen enthält und im Zementstein eingebetteten Kapillarporen betrachtet. Bei einer Abkühlung des Betons unter 0 °C gefriert das Wasser an der Betonoberfläche (Stadien 1 und 2). Das im Zementstein und in den Kapillarporen gebundene Wasser liegt aufgrund von Oberflächenkräften zu diesem Zeitpunkt noch in flüssiger Form vor [3, 6]. Mit der Abkühlung gehen jedoch Dampfdruckveränderungen in den einzelnen Poren einher [5]. Dies hat eine Wasserabgabe des Zementsteins zur Folge, die sich makroskopisch in einem Schwinden des Betons äußert (Gefrierschwinden).

Wird die Temperatur weiter reduziert, beginnt auch das in den größeren Kapillarporen enthaltene Wasser zu gefrieren (siehe Abbildung 1, Stadium 3). Auch hiermit ist eine starke Austrocknung und damit eine Verkürzung des umgebenden Zementsteins verbunden. Erst bei sehr tiefen Temperaturen von ca. -25 °C ändert das in den kleinsten Kapillarporen und das in den Gelporen gefangene Wasser seinen Phasenzustand und gefriert (Stadium 4, siehe auch [5]). Da zu diesem Zeitpunkt keine Gefrierschwindvorgänge mehr stattfinden, führt die Volumenexpansion des gefrierenden Wassers zu ersten Veränderungen im Mikrogefüge des Zementsteins infolge hoher Eisdrücke. Die Probe dehnt sich dadurch gegenüber dem Ausgangszustand aus (siehe Abbildung 1, Stadium 4).

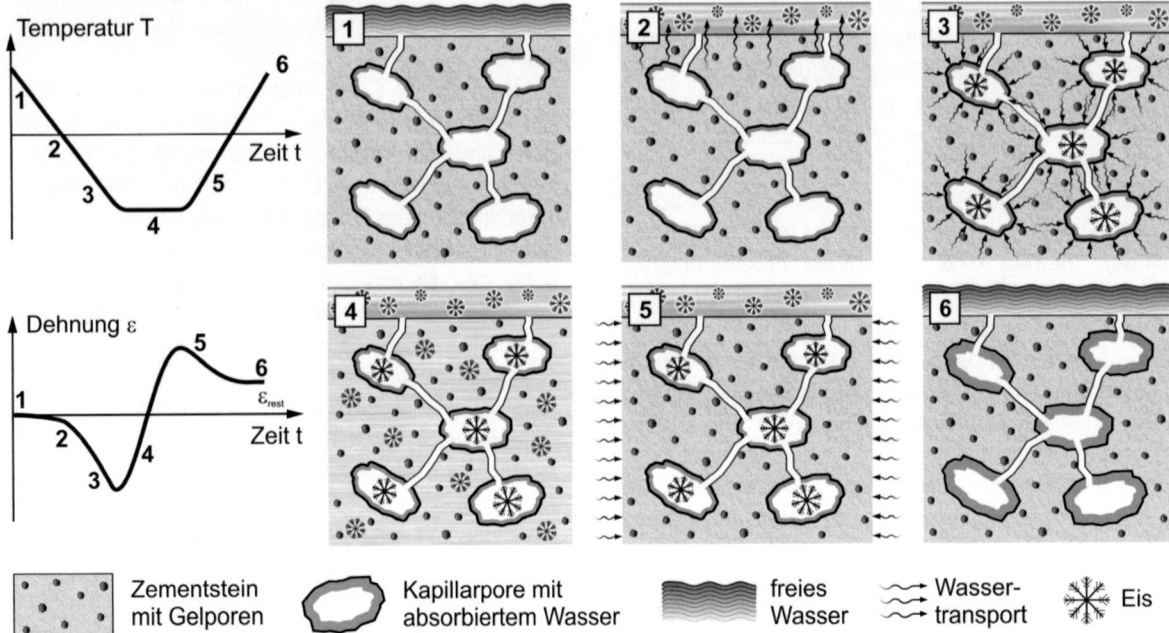

Abb. 1 Dehnungsverhaltens von Zementstein im Frostversuch nach wiederholter Frost-Wechselbeanspruchung in Abhängigkeit von der Temperatur einschließlich schematischer Darstellung der physikalischen Vorgänge im Zementstein (Stadien 1-6)

Wird die Probe anschließend wieder erwärmt, so taut zunächst das in den Gelporen und den sehr feinen Kapillarporen befindliche Eis. Aufgrund der mirkostrukturellen Vorschädigung des Zementsteins in der Umgebung der Poren entsteht in diesen ein Unterdruck, der durch eine Wasseraufnahme, d. h. eine Erhöhung des Sättigungsgrads abgebaut wird. Dieser Vorgang wird als Frostsaugen bezeichnet [5]. Voraussetzung hierfür ist, dass zu diesem Zeitpunkt flüssiges Wasser, beispielsweise an der Betonoberfläche zur Verfügung steht. Dies ist insbesondere dann der Fall, wenn die Betonoberfläche mit Taumitteln (z. B. Chloride) behandelt wurde, so dass der Gefrierpunkt des freien Wassers an der Oberfläche stark herabgesetzt ist. Dies hat zur Folge, dass mit Chloriden versetztes Wasser in das Porensystem eindringt und aufgrund der osmotischen Wirkung eine weitere Erhöhung der Sättigung bewirkt.

Die strukturelle Schädigung des Zementsteins auf Mirkoebene äußert sich in einer verbleibenden Restdehnung ε_{rest} sowie in einer deutlich erhöhten Wassersättigung. Weiterhin ist ein Rückgang der Betonzugfestigkeit und des dynamischen E-Moduls festzustellen [10].

Ein weiterer Schädigungsmechanismus wurde von Valenza [11] identifiziert. Danach kann das unterschiedliche thermische Dehnungsverhalten von Eis und Zementstein zu Spannungsspitzen im Zementstein führen. Reißt das auf der Betonoberfläche befindliche Eis, so kann dadurch auch eine Rissbildung im Beton ausgelöst werden. Dieser Effekt äußert sich makroskopisch in schollenartigen Abplatzungen.

3 Betontechnologische Grundlagen

Entsprechend den Ausführungen in Abschnitt 2 ist die Frostbeständigkeit von Beton im Wesentlichen eine Funktion der Eigenschaften des Zementsteins – vorausgesetzt eine frostbeständige Gesteinskörnung wird verwendet. Die Schädigung erfolgt dabei maßgeblich über die Porenstruktur des Zementsteins. Vor diesem Hintergrund muss die Zielsetzung aller betontechnologischen Maßnahmen darin bestehen, diese günstig zu beeinflussen. Dies ist jedoch nicht zwingend gleichzusetzen mit einer Minimierung der Gesamtporosität, wie die folgenden Ausführungen zeigen werden. Vielmehr müssen die Porenstruktur des Betons und die Festigkeit des Zementsteins auf die Beanspruchung abgestimmt werden.

3.1 Zementstein und Porenstruktur

Beton wird im einfachsten Fall aus Wasser, Zement und Gesteinskörnung hergestellt. Bei den beiden zuletzt genannten Stoffen handelt es sich um granulare Systeme, die im Rahmen des Mischungsentwurfs optimal gepackt werden. Die verbleibenden Zwickel zwischen den einzelnen Partikeln und Kör-

nern werden durch das Zugabewasser ausgefüllt. Aus Gründen der Verarbeitbarkeit wird dabei i.d.R. deutlich mehr Wasser zugegeben, als hierfür erforderlich ist und somit das Volumen der Zwickel künstlich vergrößert.

3.1.1 Gel- und Kapillarporen

Durch die chemische Reaktion zwischen Zement und Wasser wird letzteres u. a. in die Reaktionsprodukte Calciumsilikathydrat (CSH) und Calciumhydoxid (CH) eingebunden. Diese Stoffe sind von nanoskaliger Größe und besitzen eine nadel- (CSH) bzw. plättchenförmige (CH) Struktur, die es ihnen erlaubt, große Mengen an Wasser an ihrer Oberfläche zu binden. Dieses durch starke Oberflächenkräfte strukturierte Wasser wird hierbei als Gelwasser und der entsprechende Zwischenraum als **Gelpore** bezeichnet (siehe Abbildung 2). Gelporen weisen per Definition eine maximale Größe von 10 nm (10^{-8} m) auf [5, 6]. Im Hinblick auf die Frostbeständigkeit von Beton ist hierbei zu beachten, dass Wassertransportvorgänge in dieser nanoskaligen Struktur aus Kristallen nicht oder nur sehr langsam ablaufen können. Weiterhin ist der Gefrierpunkt des Gelwassers stark durch elektrophysikalische Wechselwirkungskräfte herabgesetzt [5].

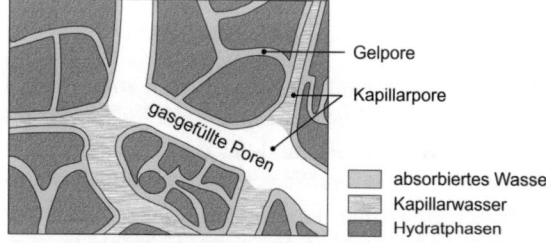

Abb. 2   Schematische Darstellung der Porenstruktur von Zementstein [12]

Das Zementgel, d. h. die CSH- und CH-Phasen inklusive der eingeschlossenen Gelporen, wächst mit fortschreitender Hydratation in die ursprünglich mit Wasser gefüllten Zwickel zwischen den einzelnen Zementkörnern. Das Wasser wird durch diesen Hydratationsprozess verbraucht. In Abhängigkeit von der Zwickelgröße, d. h. dem Abstand der einzelnen Zementpartikel, reicht das gebildete Zementgel nicht aus, die Zwischenräume vollständig auszufüllen. Der entstehende Hohlraum wird als **Kapillarpore** bezeichnet und besitzt einen Durchmesser zwischen ca. 10 nm und 100 µm.

Kapillarporen sind aufgrund ihrer Entstehungsgeschichte stark miteinander vernetzt und bilden somit natürliche Transportwege für Wasser innerhalb des Zementsteins bzw. Betons. Der Anteil dieser Poren ist stark vom Wasserzementwert w/z abhängig und nimmt mit abnehmendem w/z-Wert ab. Wie aus Abbildung 3 ersichtlich wird, beträgt der Kapillarporenanteil für einen Zementstein mit einem w/z-Wert von 0,5 ca. 12 Vol.-% (bei vollständiger Hydratation, Berechnung nach Powers). Bei einem Zementsteingehalt im Beton von ca. 30 Vol.-% entspricht dies ca. 3,6 Vol.-% des Betons. Die Bildung von Kapillarporen wird jedoch verhindert, wenn der zwischen den Partikeln vorliegende Raum nach der Hydratation vollständig mit Zementgel ausgefüllt wird. Dies ist für Wasserzementwerte w/z < 0,40 der Fall (siehe Abbildung 2).

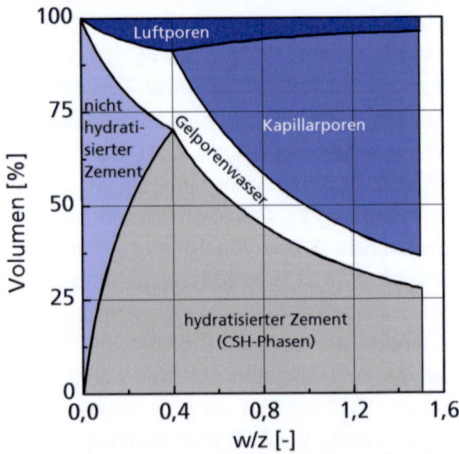

Abb. 3   Volumenanteile einzelner Zementsteinbestandteile in Abhängigkeit vom w/z-Wert bei abgeschlossener Hydratation [31]

Die Größenverteilung der Kapillarporen kann mithilfe der Quecksilberdruckporosimetrie-Methode (siehe DIN 66133) ermittelt werden. Die Geometrie der Poren wird dabei vereinfacht als zylindrisch angenommen. Abbildung 4 zeigt eine Summenvolumenverteilung der unterschiedlichen Porengrößen im Bereich zwischen 1 nm und 1 mm für unterschiedliche w/z-Werte. Daraus wird ersichtlich, dass nicht nur das absolute Kapillarporenvolumen mit abnehmendem w/z-Wert zurückgeht, sondern damit auch eine Verfeinerung der Porenstruktur – d. h. eine Verschiebung der Porenradien hin zu kleineren Werten – einhergeht.

Neben dem w/z-Wert haben auch die Zementart sowie die Art und der Gehalt reaktiver Zusatzstoffe starken Einfluss auf die Porenstruktur. Diese Abhängigkeiten können im Rahmen der Mischungsentwicklung genutzt werden, um die Eigenschaften des Zementsteins und damit die Frostbeständigkeit des Betons zu optimieren (siehe Abschnitt 4.2).

Neben der Porosität und der Porenstruktur spielt auch die Festigkeit des Zementgels auf Mikroebene eine wichtige Rolle für die Frostbeständigkeit des Betons. Diese ist neben dem w/z-Wert – und damit der Porosität des Zementsteins – stark vom Anteil und der Festigkeit der einzelnen Reaktionsprodukte abhängig. Mit abnehmendem CalciumhydroxidGehalt im Zementstein nimmt dessen Festigkeit stark

zu. Der Calciumhydroxidgehalt kann durch Zugabe puzzolaner Zusatzstoffe, die im alkalischen Milieu mit dem Calciumhydroxid zu Calciumsilikathydrat reagieren, reduziert werden. In Abhängigkeit von der verwendeten Zusatzstoffart verläuft dieser Prozess ggf. vergleichsweise langsam, so dass die Frostbeständigkeit des Betons erst ab einem bestimmten Alter bzw. Reifegrad sichergestellt ist [14, 15].

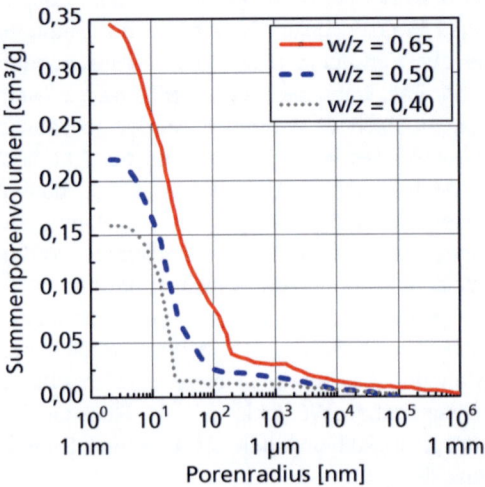

Abb. 4   Summenvolumen von Poren in Zementstein für unterschiedliche w/z-Werte, hergestellt mit CEM I 32,5 R, in Abhängigkeit von der Porengröße im Alter von 7 Tagen

Nicht betrachtet wurde bei den obigen Ausführungen eine zeitliche Veränderung des Zementsteins infolge der Carbonatisierung. Diese bewirkt bei Betonen auf Portlandzementbasis CEM I eine zunehmende Verdichtung des Zementsteins, wodurch der Frostwiderstand ebenfalls zunimmt. Im Gegensatz dazu ist bei Hochofenzementen CEM III durch die Carbonatisierung eine Vergröberung der Porenstruktur und damit eine Reduktion der Frostbeständigkeit festzustellen (siehe auch Abschnitt 4.3).

3.1.2   Künstlich eingeführte Luftporen (LP)

Künstliche Luftporen (LP) werden in den Beton durch Zugabe porosierender Zusatzmittel eingeführt. Ihr Gehalt bezeichnet mit A_{300}, soll bei korrekter Anwendung mindestens 1,5 Vol.-% des Festbetons (Größtkorn 32 mm) betragen. Betrachtet werden dabei Poren mit einem Durchmesser kleiner als 300 μm [13].

Das durch künstliche Luftporen erzeugte Volumen steht dem gefrierenden Wasser im Beton als Expansionsraum zur Verfügung. Hierbei muss jedoch sichergestellt sein, dass der Abstand zwischen den einzelnen künstlichen Poren begrenzt ist und diese somit in hydraulischer Reichweite für den umliegenden Zementstein liegen. Dieser Abstand wird in DIN EN 480-11 als Abstandsfaktor $\bar{L}$ bezeichnet und sollte ≤ 0,20 mm sein.

Neben dem Abstand der LP-Poren muss auch sichergestellt sein, dass diese keine kapillare Saugwirkung aufweisen bzw. die zwischen den Kapillarporen vorliegende Saugwirkung unterbrochen wird. Hierzu sollte die Porengröße zwischen 200 und 300 µm bei einem Gesamtluftgehalt im Frischbeton von 3,5 bis 5,5 % (in Abhängigkeit vom Größtkorn der Gesteinskörnung) betragen [13].

3.1.3 Verdichtungsporen

Verdichtungsporen besitzen einen Durchmesser zwischen 100 µm und mehreren Millimetern und können einen erheblichen Einfluss auf die Frostbeständigkeit von Beton besitzen. Dies gilt insbesondere dann, wenn sich diese Poren durch eine mangelhafte Betonverdichtung bzw. Selbstentlüftung in der Nähe der Betonoberfläche ansammeln. Dies würde zu einer erheblichen Reduktion der Zementsteinfestigkeit in dieser Schicht führen und gleichzeitig das Eindringen von Wasser in den Beton begünstigen.

Eine sachgerechte Verdichtung des Betons bzw. eine entsprechende Einstellung der Frischbetoneigenschaften im Falle von Selbstverdichtendem Beton ist somit eine Grundvoraussetzung für die Gewährleistung einer hohen Frostbeständigkeit.

3.2 Gesteinskörnung

Neben der Zementsteinmatrix muss auch die verwendete Gesteinskörnung eine ausreichende Frostbeständigkeit aufweisen (siehe DIN 1045-2). In Abhängigkeit von der Porosität und Porenstruktur unterliegt auch die Gesteinskörnung den gleichen Mechanismen der Frostschädigung wie der Zementstein, jedoch ist deren Wirkung i. d. R. weitaus weniger stark ausgeprägt. Dennoch ist die Gesteinskörnung vor einer Verwendung entsprechend den Regelungen der DIN EN 12620 nach DIN EN 1367 zu prüfen. Hierbei wird analog zum Beton zwischen einem reinen Frostangriff und einer kombinierten Frost-Tausalzbeanspruchung unterschieden. Im letzteren Fall muss zusätzlich zur Frostbeständigkeit auch der Magnesiumsulfatwiderstand der Körnung geprüft werden.

4 Mischungszusammensetzung

Aus den Ausführungen in Abschnitt 3 können eine Reihe von Schlussfolgerungen für die Mischungszusammensetzung frostbeständiger Betone gezogen werden. Maßgeblich für die Frostbeständigkeit von Beton sind dabei:

- Die Porenstruktur des Betons muss so beeinflusst werden, dass ein kapillarer Wassertransport weitgehend vermieden wird. Dies kann entweder durch eine Minimierung des Kapillarporenanteils oder aber durch Einführung künstlicher Luftporen, die eine kapillarbrechende Wirkung besitzen, geschehen. Letztere Maßnahme ist für die Herstellung von üblichen Konstruktionsbetonen, die eine Frost-Taumittelbeanspruchung bei hoher Wassersättigung erfahren, zwingend erforderlich.

- Die Zementsteinmatrix, d. h. das Zementgel, muss in der Lage sein, durch eine Eisbildung entstehende Sprengdrücke und daraus resultierende Zugspannungen aufzunehmen. Hierzu muss die Zugfestigkeit des Zementsteins maximiert werden.

- Die Gesteinskörnung muss in Abhängigkeit vom Grad der Beanspruchung eine hohe Frost- bzw. Frost-Tausalzbeständigkeit aufweisen.

Für die Mischungszusammensetzung frostbeständiger Betone bedeutet dies:

- Die Reduktion des w/z-Werts wirkt sich positiv auf die Frostbeständigkeit aus, da damit sowohl eine Steigerung der Festigkeit als auch eine Reduktion der Kapillarporosität einhergeht.

- Durch die Wahl geeigneter Zemente und durch Zugabe puzzolaner Zusatzstoffe kann die Festigkeit der Zementsteinmatrix erheblich gesteigert werden. Damit einher geht i.d.R. ein stark verbesserter Frostwiderstand. Eine Ausnahme bilden hier Silikastäube in Kombination mit w/z-Werten von ca. 0,30 (siehe Abschnitt 4.2).

- Künstlich eingeführte Luftporen mit einer definierten Größe und bei einem begrenzten Gehalt bewirken eine Unterbrechung des Kapillarwassertransports. Dadurch kann die Funktion der Mikroeislinsenpumpe (siehe Kapitel 2) unterbrochen werden. Mit der Einführung von Luftporen einher geht jedoch ein Abfall der Festigkeit des Betons.

- Es muss sichergestellt werden, dass die verwendete Gesteinskörnung frostbeständig ist. Dies kann beispielsweise mithilfe der in DIN EN 1367 aufgeführten Verfahren überprüft werden.

Im Folgenden wird der Einfluss verschiedener betontechnologischer Parameter auf die Frostbeständigkeit erläutert. Diese Ergebnisse können dem Betontechnologen eine Hilfestellung bei der Planung einer Betonzusammensetzung sein.

4.1 Einfluss des w/z-Werts

Zentraler Parameter für die Gewährleistung einer hohen Frostbeständigkeit ist der Wasserzementwert, der in Abhängigkeit vom vorliegenden Feuchteangebot und der Taumittelbeaufschlagung kleiner 0,6 gewählt werden sollte (siehe DIN 1045-2:2008).

Abbildung 5 zeigt, dass mit zunehmendem w/z-Wert die innere Schädigung des Betons ausgedrückt durch den Abfall des rel. dynamischen E-Moduls, stark beschleunigt wird und für einen w/z-Wert von 0,6 bereits nach ca. 22 Frost-Tauwechseln unter die kritische Marke von 80 % abfällt. Wird anstelle eines reinen Portlandzements ein Hochofenzement eingesetzt, so zeigt dieser Beton bei einem w/z-Wert von 0,5 zunächst eine geringere und langsamer ablaufende Schädigung. Dies ist auf die dichtere Struktur von Betonen mit Hochofenzement im jungen Alter zurückzuführen. Voraussetzung für die gute Frostbeständigkeit ist jedoch, dass dem Beton keine Gelegenheit zur Carbonatisierung gegeben wurde (siehe auch Abschnitt 4.2).

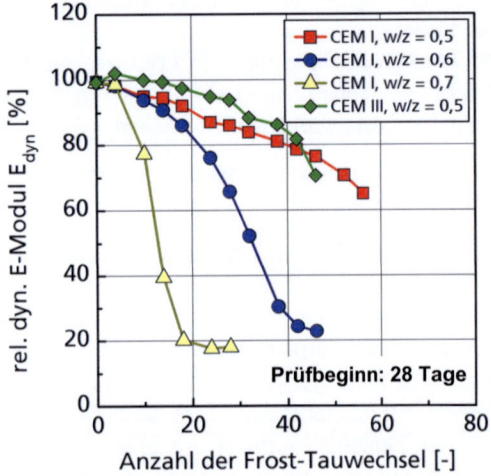

Abb. 5 Abfall des dynamischen E-Moduls als Maß für die innere Schädigung in Abhängigkeit von der Anzahl der Frost-Tauwechselzyklen für Betone mit unterschiedlichen w/z-Werten aus CEM I bzw. CEM III-Zementen (nicht carbonatisiert) im CDF-Versuch [5]

4.2 Einfluss unterschiedlicher Zementarten bzw. Zusatzstoffe

Neben reinen Portlandzementen werden in der Praxis immer häufiger Portlandkalksteinzemente CEM II/A-LL eingesetzt. Umfangreiche Untersuchungen von Müller und Herold [16] belegen, dass die Verwendung von Kalksteinmehl als Zumahlstoff unter bestimmten Voraussetzungen einen vernachlässigbaren Einfluss auf den Frost- bzw. Frost-Taumittelwiderstand daraus hergestellter Betone hat. Wesentliche Voraussetzungen sind, dass der verwendete Kalkstein eine entsprechende Qualität (LL) aufweist und dessen Gehalt weniger als 20 M.-% des Zements beträgt [16, 17].

Bei der Verwendung hüttensandhaltiger Zemente CEM II/(A/B)-S oder Hochofenzemente CEM III muss berücksichtigt werden, dass der daraus hergestellte Beton infolge einer Carbonatisierung (soweit diese möglich ist) stark an Dichtheit und damit an Frostwiderstand im Laufe der Zeit verliert (siehe Abbildung 6).

Auch bei der Verwendung puzzolaner Zusatzstoffe muss differenziert deren Wirkungsweise auf das Porengefüge, den Feuchtegehalt und die Festigkeit unterschieden werden. Neuere Untersuchungen von Brameshuber und Schießl ([14] sowie in [15]) haben gezeigt, dass durch Zugabe von Flugasche innerhalb

des normativ zulässigen Bereichs von 33 % des Zementgewichts, der Frostwiderstand von Beton nicht nachteilig beeinflusst wird. Stattdessen konnte teilweise sogar eine Verbesserung erzielt werden. Vor diesem Hintergrund wurde in der Neufassung von DIN 1045:2008 die Anrechenbarkeit (k = 0,4) von Flugasche auf den äquivalenten Wasserzementwert für alle Expositionsklassen XF1-XF4 festgelegt.

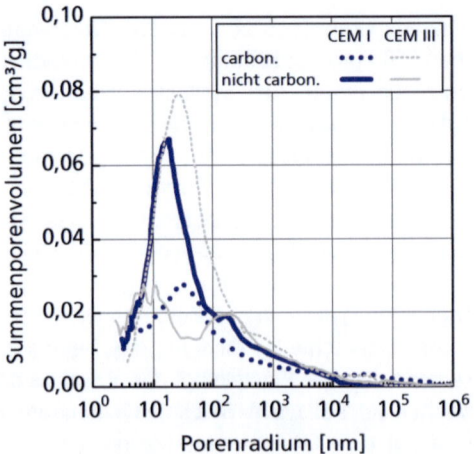

Abb. 6 Einfluss der Carbonatisierung auf die Porengrößenverteilung von Betonen mit reinen Portlandzementen und hüttensandhaltigen Zementen [5]

Weniger eindeutig sind die Ergebnisse zum Einfluss von Silikastaub. In Abhängigkeit vom verwendeten Gehalt sowie vom Wasserzementwert wurde hier z. T. eine erhebliche Zunahme der inneren Schädigung bereits nach wenigen Frost-Tauwechseln festgestellt (siehe Abbildung 7; [10, 11]).

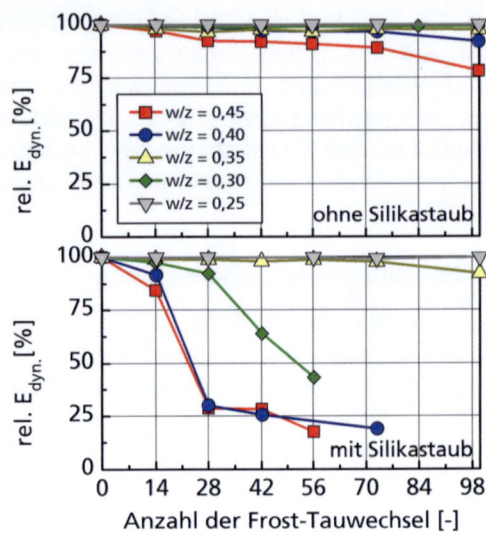

Abb. 7 Relativer dynamischer E-Modul als Maß für die innere Schädigung für Beton mit unterschiedlichen w/z$_{äqu.}$-Werten, ohne (oben) und mit einer Silikastaubzugabe von 8 M.-% vom Zement (unten) [10]

Feldrappe et al. [10] führen dies u. a. auf eine veränderte Porenstruktur und vor allem auf Unterschiede in der Morphologie der aus Silikastaub und Calciumhydroxid gebildeten Reaktionsprodukte zurück. Dies hat insbesondere im frühen Alter eine erhöhte Wassersättigung und eine ungünstige Porengeometrie (Veränderung hin zu flaschenhalsartigen Poren) zur Folge. Dieser Effekt ist hinsichtlich des Frostwiderstands nur für Betone mit äquivalenten w/z-Werten ≥ 0,30 von Relevanz. Für w/z$_{äqu.}$ << 0,30 weisen jedoch auch mikrosilikamodifizierte Betone einen hohen Frostwiderstand auf (siehe Abbildung 7).

4.3 Einfluss des Zementsteingehalts und der Frischbetonkonsistenz

Die Schädigung des Betons durch einen Frost- oder Frost-Taumittelangriff erfolgt im Wesentlichen über die Zementsteinmatrix. Zielsetzung einer betontechnologischen Optimierung muss es daher sein, den Zement- bzw. Bindemittelleimgehalt und damit den Zementsteingehalt in einem technisch sinnvollen Bereich zu minimieren. Dies kann durch eine Optimierung der Packungsdichte der Gesteinskörnung erreicht werden. Parallel dazu sollten moderne Betonverflüssiger bzw. Fließmittel eingesetzt werden, um trotz des geringen Leimgehalts eine ausreichende Verarbeitbarkeit sicherzustellen. Die verwendeten Fließmittel dürfen dabei keine negative Wechselwirkung mit dem ggf. eingesetzten Luftporenbildner aufweisen.

Die Frischbetonkonsistenz sollte unter dem Gesichtspunkt einer optimalen Homogenität nicht zu weich, vorzugsweise im Konsistenzbereich F3-F4 entsprechend DIN EN 206-1 eingestellt werden. Um eine optimale Oberflächenqualität des frostbeanspruchten Bauteils sicherzustellen, muss das Bluten des frischen und jungen Betons vermieden werden. Gleichzeitig ist für eine ausreichende Nachbehandlung zu sorgen (siehe Kapitel 6).

4.4 Einfluss luftporenbildender Zusatzmittel

Ziel der Zugabe luftporenbildender Zusatzmittel ist es, ein gleichmäßig verteiltes Porensystem im Zementstein zu erzeugen, das dem gefrierenden Wasser Expansionsraum bietet und durch das der Kapillarwassertransport im Beton unterbrochen wird.

Abbildung 8 zeigt, dass dies für Mikroporen mit einem mittleren Durchmesser bis zu ca. 300 µm für Gehalte größer ca. 1,5 Vol.-% der Fall ist. Damit einher geht ein signifikanter Rückgang der beobachteten Abwitterungsmenge im Frosttauwechsel-Versuch [18]. Weiterhin wird bei Zugabe luftporenbildender Zusatzmittel ein deutlicher Rückgang der Blutwassermenge des Frischbetons beobachtet. Damit einher gehen eine deutliche Verbesserung der Oberflächenqualität des Bauteils und ein verbesserter Frostwiderstand.

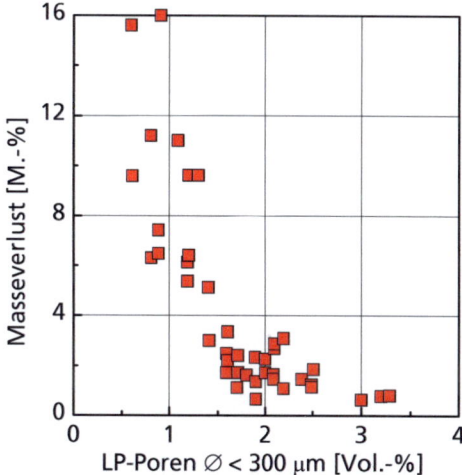

Abb. 8 Abgewitterte Betonmenge in Abhängigkeit vom Mikroluftporengehalt (Porendurchmesser < 300 µm) im Frost-Tauwechselversuch [18]

Während bei Betonen, die den Expositionsklassen XF1 bis XF3 unterliegen, ein ausreichender Widerstand auch ohne Zugabe von Luftporenbildnern sichergestellt werden kann, ist im Falle einer Frost-Tausalzbeanspruchung bei hoher Wassersättigung (Expositionsklasse XF4 nach DIN EN 206-1) die Zugabe von Luftporenbildner zwingend erforderlich. Eine Ausnahme bilden hier lediglich Betonwaren und Betone, die mit CEM III/B-Zementen oder w/z-Werten < 0,35 hergestellt werden.

4.5 Wahl der Art und der Zusammensetzung der Gesteinskörnung

Zur Herstellung frostbeständiger Betone müssen nach DIN 1045-2 Gesteinskörnungen verwendet werden, die ebenfalls eine hohe Frostbeständigkeit aufweisen. Die Beständigkeit ist dabei mittels der in DIN EN 1367 angegebenen Verfahren zu prüfen, wobei für die einzelnen Expositionsklassen unterschiedliche Anforderungen gelten.

Die Kornzusammensetzung des Betons sollte möglichst so gewählt werden, dass eine optimale Packungsdichte erzielt und damit der Leimgehalt im Beton minimiert wird. Vor diesem Hintergrund haben sich Betone mit einer Sieblinie im Bereich der Regelsieblinie A nach DIN 1045-2 als besonders geeignet erwiesen. Hierbei muss jedoch sichergestellt sein, dass der Beton nicht zum Bluten neigt und dadurch die Dauerhaftigkeit der Betonoberfläche verschlechtert wird.

5 Herstellung, Transport und Einbau

Für die Herstellung, den Transport und den Einbau frostbeständiger Betone gelten grundsätzlich die selben Anforderungen wie für normale Betone. Eine Ausnahme bildet jedoch Luftporenbeton. Während des gesamten Transports und Einbauvorgangs muss sichergestellt sein, dass die künstlich eingeführten Luftporen nicht aus dem Beton entweichen. In diesem Zusammenhang sollten daher lange Wartezeiten auf der Baustelle, ein übermäßiges Aufmischen des Betons sowie eine nachträgliche Zugabe von Fließmittel vermieden werden.

Für die Betonage im Winter gelten die einschlägigen Regelungen entsprechend dem DBV-Merkblatt „Betonieren im Winter" [19]. Im Zentrum aller Maßnahmen steht, den noch frischen oder jungen Beton vor einer Frostbeanspruchung zu schützen. Hierbei stehen dem erfahrenen Betontechnologen verschiedene Möglichkeiten offen. Bei ganztägigen Temperaturen über dem Gefrierpunkt ist ggf. die Verwendung von Zementen mit hoher Hydratationswärmeentwicklung ausreichend. Ist jedoch mit Frost zu rechnen, sind geeignete Schutzmaßnahmen, wie ein Abdecken des frischen Betons mit Thermomatten oder die Einhausung der Baustelle erforderlich. Die entsprechenden Mindestanforderungen sind in DIN 1045 genannt. Grundsätzlich gilt, dass bei Frost die Herstellung von Bauteilen mit hohen Anforderungen an die Frostbeständigkeit i.d.R. äußerst problematisch ist.

Weiterhin sollten zur Gewährleistung der Frostbeständigkeit große Temperaturgradienten im Bauteil, beispielsweise durch eine übermäßige externe Beheizung des Betons, vermieden werden. Hierdurch entsteht die Gefahr der Bildung von starken Eigen- und ggf. von Zwangspannungen, die eine Rissbildung an der Betonoberfläche bewirken können. Gleiches gilt für Bauteile, die im Sommer bei sehr heißer Witterung hergestellt werden (siehe Abschnitt 6 und [20]).

6   Nachbehandlung

Da die Schädigung von Beton unter einer Frost- oder Frost-Taumittelbeanspruchung fast ausschließlich über die Betonoberfläche erfolgt, muss eine möglichst gute Oberflächenqualität sichergestellt werden. Neben betontechnologischen Einflussgrößen kommt hierbei der Nachbehandlung eine entscheidende Rolle zu. Der Beton muss möglichst sofort nach dem Einbau gegen Austrocknung und starke Auskühlung bzw. eine übermäßige Erwärmung durch Sonneneinstrahlung geschützt werden. Hierdurch würde sich ein ungünstiger Verlauf der Nullspannungstemperatur im Beton (d.h. der Temperaturverteilung über die Bauteilhöhe zum Erstarrungszeitpunkt) ergeben. Schwindverkürzungen infolge einer Austrocknung der Betonoberfläche können die daraus resultierenden Eigenspannungen verstärken und so zu einer Rissbildung an der Betonoberfläche führen.

Die Dauer der Nachbehandlung sollte so gewählt werden, dass eine ausreichende Betonzugfestigkeit sichergestellt ist. Vor der ersten Frostbeanspruchung muss dem Beton weiterhin die Gelegenheit gegeben werden, überschüssige Feuchte abzugeben. Andernfalls kann es bereits nach wenigen Frostwechseln zu einer starken Schädigung der Betonoberfläche kommen.

Nicht eindeutig geklärt ist der Einfluss von Nachbehandlungsmitteln auf die Frostbeständigkeit von Betonen. Nach [11] ist die Oberflächenabwitterung im Frostversuch bei Anwendung von Nachbehandlungsmitteln nur zeitlich verzögert. Die gesamte abgewitterte Menge nimmt jedoch deutlich zu (siehe auch [21, 22]).

7   Frostbeständigkeit moderner Sonderbetone

Das Verhalten der nachfolgend genannten Sonderbetone unter einer Frost- bzw. Frost-Tausalzbeanspruchung kann anhand der in Kapitel 4 aufgeführten Einflussfaktoren abgeleitet werden. Darüber hinaus liegen zu diesem Thema Untersuchungen vor, die hochfesten und selbstverdichtenden Betonen grundsätzlich eine gute Frostbeständigkeit bescheinigen. Stark von der Mischungszusammensetzung und den verwendeten Zuschlägen abhängig ist hingegen das Verhalten von Leichtbeton. Keine Erfahrungen liegen bislang für ökologisch optimierte Betone vor.

7.1   Hochfester Beton

Hochfeste Betone weisen aufgrund ihres geringen Wasserzementwerts i. d. R. eine hohe Beständigkeit gegenüber einem Frostangriff auf. Werden diese unter Verwendung von Silikastaub hergestellt muss beachtet werden, dass für w/z-Werte ≥ 0,30 dieser Zusatzstoff zu einer starken Verschlechterung des Frostwiderstands führen kann. Die Ursachen hierfür wurden in Abschnitt 4.2 erläutert. Im Hinblick auf den Frost-Taumittelwiderstand gilt auch für Hochfeste Betone, dass diese unter Verwendung von Luftporenbildnern hergestellt werden müssen, es sei denn, der w/z-Wert unterschreitet 0,3 deutlich.

7.2   Selbstverdichtender Beton

Selbstverdichtender Beton unterscheidet sich von herkömmlichem Beton im Wesentlichen durch seinen stark erhöhten Mehlkornleimgehalt. Dennoch weist er im Vergleich zu herkömmlichem Rüttelbeton einen vergleichbaren Frostwiderstand auf [23]. Bedingung hierfür ist, dass die Grundregeln zur Herstellung eines frostbeständigen Betons entsprechend Abschnitt 4 beachtet werden. Weiterhin gebührt bei Selbstverdichtendem Beton der Einstellung eines stabilen Luftporensystems besondere Aufmerksamkeit. Dessen Stabilität kann beispielsweise durch Zugabe stabilisierender Zusatzmittel stark verbessert werden [23]. Untersuchungen von Brameshuber et al. [24] zeigen, dass der für eine gewünschte Porosität erforderliche Gehalt an Luftporenbildner stark von der spezifischen Oberfläche (BET-Oberfläche) der verwendeten Flugasche abhängig ist und mit dieser zunimmt. Darüber hinaus wurde eine erhöhte Empfindlichkeit synthetischer Luftporenbildner gegenüber den Eigenschaften der Flugasche festgestellt.

7.3 Leichtbeton

Die Frost- bzw. Frost-Taumittelbeständigkeit von Leichtbeton hängt stark von der Art und vor allem der Wassersättigung der verwendeten Gesteinskörnung ab. Mit zunehmender Sättigung – d. h. mit zunehmendem Vornässgrad – ist ein teilweise starker Rückgang der Beständigkeit festzustellen [25]. Die Verwendung gebrochener feiner Leichtzuschläge kann hingegen ähnlich wie ein künstliches Luftporensystem wirken und einen hohen Frost-Taumittelwiderstand erzeugen [26].

8 Dauerhaftigkeit- und Lebensdauerbemessung

8.1 Allgemeines

Die Dauerhaftigkeit eines Betonbauwerks wird heute durch die Regelungen der DIN 1045 sichergestellt. Diese Regelungen beruhen auf Erfahrungswerten, die von einer mittleren Nutzungsdauer des Bauwerks von 50 Jahren ausgehen. Neuere Untersuchungen zeigen jedoch, dass die Ansätze der DIN 1045 je nach Expositionsklasse teilweise auf der unsicheren Seite liegen oder aber zu unwirtschaftlichen Lösungen führen können [27].

Eine ingenieurmäßige Dauerhaftigkeitsbemessung ermöglicht hingegen eine physikalisch begründete Berechnung des Bauteilverhaltens unter der gegebenen Exposition und daraus die Abschätzung der Lebensdauer des Bauteils bzw. des Gesamtbauwerks. Zentraler Bestandteil einer derartigen Bemessung sind Schädigungs-Zeit-Gesetze für die jeweilige Exposition. Weiterhin muss berücksichtigt werden, dass Dauerhaftigkeitsbeanspruchungen — mehr noch als statische Lasteinwirkungen — mit großen statistischen Unsicherheiten hinsichtlich der Einwirkungs- und Widerstandsseite behaftet sind. Das Schädigungs-Zeit-Verhalten muss somit durch geeignete statistische Werkzeuge in seiner gesamten Streubreite berücksichtigt werden.

8.2 Schädigungs-Zeit-Gesetze

Die Güte der Lebensdauerbemessung wird maßgebend von der Güte der Schädigungs-Zeit-Gesetze bestimmt. Hierbei handelt es sich um mathematische Rechenmodelle, die beispielsweise die Abwitterung oder innere Schädigung des Betons in Abhängigkeit von der Zeit und anderen Parametern beschreiben. Je wirklichkeitsnäher diese Vorgänge modelliert werden, desto realistischer lässt sich der Schädigungsfortschritt vorhersagen. Zielsetzung einer Modellierung sollte es sein, die physikalischen Vorgänge, die zu einer Schädigung führen, thermodynamisch korrekt durch mathematische Gleichungen abzubilden.

Diese Aufgabe erweist sich im Falle einer Frost-Tauwechselbeanspruchung (sowohl mit als auch ohne Tausalz) als äußerst komplex und die entsprechenden Modelle ermöglichen bislang nur eine unzureichende Vorhersagegenauigkeit. Alternativ können analytisch-empirische Modelle herangezogen werden. Diese basieren i.d.R. auf umfangreichen Versuchsdaten, die empirisch mithilfe von Regressionsfunktionen angenähert wurden.

Derartige Modelle liegen für die Carbonatisierung von und die Chloriddiffusion in Beton vor und gestatten eine gute Abbildung der in der Praxis beobachteten Schädigungsprozesse (siehe fib-Model Code „Service Life Design" [28]). Die Modellierung des Frostangriffs ist aber auch mit empirisch-analytischen Modellen derzeit nur sehr eingeschränkt möglich. Dennoch werden nachfolgend einige ausgewählte Modelle kurz vorgestellt.

8.2.1 Modell von Fagerlund

Das Schädigungs-Zeit-Gesetz von Fagerlund ist sehr eng an die im Material ablaufenden physikalischen Prozesse angelehnt [2]. Eine Schädigung tritt nach Fagerlund dann ein, wenn der Sättigungsgrad des Betons einen kritischen Wert erreicht. Der Verlauf der Sättigung kann dabei in zwei Phasen untergliedert werden.

Die erste Phase ist durch eine schnelle kapillare Wasseraufnahme S_b geprägt (siehe Gleichung 1). Dabei werden jedoch nicht alle Poren vollständig gefüllt. Die verbleibende Luft im Beton wird in einer zweiten, weitaus langsameren Phase im Porenwasser gelöst. Die Sättigung steigt somit auch nach Abschluss des kapillaren Saugens weiter an (siehe Gleichung 1). Erreicht der Porensättigungsgrad S_{act} einen kritischen Wert S_{krit}, so verliert der Beton seine Frostbeständigkeit [28]. Dieser Wert ist von der Zusammensetzung und Struktur des Betons abhängig und kann in Frostversuchen an unterschiedlichen, wassergesättigten Betonen durch Bestimmung des Abfalls des dynamischen E-Moduls in Abhängigkeit von der Anzahl der Frost-Tau-Zyklen ermittelt werden.

$$S_{act}(t) = S_b + a \cdot t^d \leq S_{krit} \qquad (1)$$

mit:

$S_{act}(t)$	Sättigungsgrad des Betons zum Zeitpunkt t [-]
S_{krit}	kritischer Sättigungsgrad des Betons (durch Experimente zu ermitteln) [-]
S_b	Sättigungsgrad nach Abschluss der kapillaren Wasseraufnahme [-]
t	Zeit [Tage]
a, d	Materialkonstanten

Der erste Summand in Gleichung 1 bildet die schnelle kapillare Wasseraufnahme ab. Der zweite Summand berücksichtigt die fortschreitende Lösung der eingeschlossenen Luft im Porenwasser.

Wie aus Gleichung 1 deutlich wird, ist das Modell von Fagerlund aufgrund seines Aufbaus nicht in der Lage eine tatsächliche Frost-Tauwechselbeanspruchung abzubilden. Weder die Intensität des Frostangriffs noch die Wirkung der Mikroeislinsenpumpe gehen hier mit ein. Erstaunlich ist vor diesem Hintergrund, dass der Ansatz von Fagerlund dennoch die Lebensdauer eines Betonbauwerks unter einer Frostbeanspruchung stark unterschätzt.

8.2.2 Modell von Vesikari

Vesikari unterscheidet zwischen zwei Schädigungsarten. Zum einen führt eine Frostschädigung zu einem Massenverlust an der Betonoberfläche (siehe Gleichung 2) [29]. Zum anderen wird auch die innere Struktur des Betons zerstört, was sich in einem Festigkeitsabfall äußert.

$$r = c_{env} \cdot c_{cur} \cdot c_{age} \cdot a^{-0,7} \left(f_{ck} + 8 \right)^{-1,4} \tag{2}$$

mit:

r(t)   Betonabtragsrate [mm/Jahr]

c_{env} Beiwert zur Berücksichtigung der Intensität und Häufigkeit der Frostbeanspruchung [-]

c_{cur} Beiwert zur Berücksichtigung der Nachbehandlungsgüte [-]

c_{age} Beiwert zur Berücksichtigung des Betonreifegrads und der verwendeten Zusatzstoffe [-]

a   Luftgehalt [%]

$f_{ck,cube}$ charakteristische Würfeldruckfestigkeit des Betons nach 28 Tagen [N/mm²]

Wie aus Gleichung 2 deutlich wird, gehen die Intensität und Häufigkeit der Frostbeanspruchung ebenso in das Modell mit ein, wie die Eigenschaften des Betons. Durch den Faktor c_{env} kann weiterhin zwischen einer reinen Frost- und einer kombinierten Frost-Taumittelbeanspruchung unterschieden werden. Neben der charakteristischen Betondruckfestigkeit und dem Luftgehalt kann die Zugabe von puzzolanen Zusatzstoffen durch den Beiwert c_{age} in Form des wirksamen Betonalters berücksichtigt werden. Schließlich geht auch die Güte der Nachbehandlung in das Modell mit ein.

8.2.3 Modell von Lowke und Brandes

Lowke und Brandes berücksichtigen in ihrem Modell, dass eine kritische Sättigung des Betons lediglich eine Voraussetzung für das Auftreten von Schäden ist. Die Schädigungsphase selbst beginnt erst sobald eine kritische Sättigung erreicht ist und äußert sich in einer Abwitterung der Oberfläche. Dieser Vorgang kann mithilfe des Produktansatzes in Gleichung 3 beschrieben werden [30].

$$r = k \cdot f_s \cdot f_{Tmin,c} \cdot f_{wc} \cdot f_{bin} \cdot f_{aea} \cdot f_{carb} \tag{3}$$

mit:

r   Abwitterung pro Frost-Tauwechsel [m]

k   maximal zulässige Abwitterung pro Frost-Tauwechsel [m]

$f_{Tmin,c}$ Faktor zur Berücksichtigung der Minimaltemperatur [-]

f_s Faktor zur Berücksichtigung der Salzkonzentration [-]

f_{wc} Faktor zur Berücksichtigung des w/z-Werts [-]

f_{bin} Faktor zur Berücksichtigung des Bindemittels [-]

f_{aea} Faktor zur Berücksichtigung des LP-Gehalts [-]

f_{carb} Faktor zur Berücksichtigung der carbonatisierten Betonrandzone [-]

Das in Gleichung 3 dargestellte Schädigungs-Zeit-Gesetz ist für die Beschreibung eines kombinierten Frost-Taumittelangriffs vorgesehen. Die in der Schädigungsphase auftretende Abwitterungsrate wird in Abhängigkeit der Beanspruchung (Temperatur, Salzkonzentration) sowie des Materialwiderstandes (Betonzusammensetzung, Carbonatisierungsfortschritt, Bindemittel) berechnet.

8.3 Bewertung der vorgestellten Modelle

Bislang liegt in der Literatur keine vergleichende Betrachtung zur Güte der hier vorgestellten Schädigungs-Zeit-Gesetze vor. Das Modell von Fagerlund beschreibt lediglich die Einleitungsphase, nicht jedoch die Schädigung selbst. Dennoch überschätzt es die zu erwartenden Schäden sehr stark und ist für die Anwendung in der Praxis bislang wenig geeignet.

Vesikari beschreibt hingegen direkt die Schädigungsphase und berücksichtigt neben der Intensität und Häufigkeit der Frostbeanspruchung auch die Güte und Reife des verwendeten Betons. Die große Spannweite der dafür eingesetzten Faktoren erschwert jedoch derzeit eine exakte Vorhersage der Betonabtragsrate mit diesem Modell. Hierzu sind weitere umfängliche Untersuchungen notwendig.

Das Modell von Lowke und Brandes stellt eine Verfeinerung des Ansatzes von Vesikari dar. Zusätzlich kann hier die Frosteinwirkung stärker differenziert werden. Darüber hinaus ist es möglich den Einfluss einer Betoncarbonatisierung zu berücksichtigen.

Aufgrund der Komplexität der Auswirkungen einer Frostbeanspruchung besteht hinsichtlich der Formulierung eines Schädigungs-Zeit-Gesetzes, das eine realitätsnahe Abbildung der Schädigung und somit eine Vorhersage der Lebensdauer erlaubt, weiterer Forschungsbedarf.

9 Vorgehensweise zur Herstellung frostbeständiger Betonbauteile

Wie bereits eingangs erläutert, stehen dem Anwender mehrere Möglichkeiten offen, die Frostbeständigkeit eines Betonbauteils zu gewährleisten. Die einfachste und effektivste Möglichkeit ist hierbei sicherlich, das Bauteil trocken und frei von Taumitteln zu halten. Wo dies nicht möglich ist muss der Beton gegen diese Art von Angriff resistent sein.

Hierzu sollte der Planer in einem ersten Schritt die Art und Stärke des vorliegenden Frostangriffs ermitteln. Diese Größen sind in DIN 1045-1 in Form von Expositionsklassen definiert und können beispielsweise mithilfe von Bauteilkatalogen abgeschätzt werden. DIN 1045-1 unterscheidet dabei zwischen einem Angriff mit und ohne Einwirkung von Taumitteln sowie bei hoher und geringer Wassersättigung. Darauf aufbauend legt die Norm Mindestanforderungen für die Betonzusammensetzung fest. Beispielsweise wird der Wasserzementwert in Abhängigkeit von der Expositionsklasse begrenzt und es werden bestimmte Mindestzement- und Mindestluftporengehalte gefordert. Dieses deskriptive Bemessungskonzept ist für eine Lebensdauer des Bauwerks von ca. 50 Jahren ausgelegt. Dabei wird in Kauf genommen, dass bereits vor diesem Alter einzelne Schäden auftreten können.

Technologisch stehen dem Planer jedoch eine Reihe von Möglichkeiten zur Verfügung, die Dauerhaftigkeit des Betons gegenüber einem Frost- bzw. Frost-Tausalzangriff über das von der Norm geforderte Maß zu erhöhen. Insbesondere die Einführung stabiler Luftporen mit bestimmten Abständen untereinander und definierter Porengröße führt zu besonders dauerhaften Bauteilen und ist für einen Frosttaumittelangriff mit hoher Wassersättigung dringend erforderlich. Hierbei muss beachtet werden, dass die Herstellung eines stabilen Luftporensystems in Abhängigkeit von der verwendeten Zement- oder Zusatzstoffart sehr schwierig sein kann.

Die Verwendung von Flugasche als Zusatzstoff wirkt sich sehr günstig auf die Beständigkeit des Betons aus. In Kombination mit Luftporenbildnern sollten dabei Flugaschen mit einer geringeren spezifischen BET-Oberfläche vorgezogen werden.

Problematisch ist der Einsatz von Silikastaub anzusehen. Für Wasserzementwerte w/z > 0,30 führt Silikastaub zu einer deutlichen Verschlechterung des Frostwiderstands. Dies muss insbesondere bei der Herstellung hochfester Betone berücksichtigt werden. Keine Gefahr besteht nach [10] und eigenen Untersuchungen hingegen für w/z-Werte unter 0,30.

Entscheidend für die Frostbeständigkeit des Betons ist neben seiner Zusammensetzung auch die Nachbehandlung. Diese sollte möglichst intensiv durchgeführt werden und lange andauern. Die Verwendung von Nachbehandlungsmitteln führt nur bedingt zu guten Ergebnissen. Zwischen dem Nachbehandlungsende und der ersten Frostbeanspruchung muss zudem eine ausreichend lange Trocknungsperiode liegen.

10 Literatur

[1] Setzer, M. J.: Physikalische Grundlagen der Frostschädigung von Beton. In: 6. Symposium Baustoffe und Bauwerkserhaltung, Tagungsband, Müller, H. S., Nolting, U., Haist, M. (Hrsg.), 2009, S. 5-12

[2] Fagerlund, G.: A Service Life Model for International Frost Damage in Concrete, TVBM-3119, Lund Institute of Technology, Division of Building Materials, , 2004

[3] Powers, T. C.: A Working Hypothesis for Further Studies of Frost Resistance of Concrete. In: J. ACI Proc. 41 (1945) S. 245-272

[4] Helmuth, R. A.: Investigations of the Low Temperature Dynamic Mechanical Response of Hardened Cement Past. Dept. of Civil Engineering, Stanford University, Technical Report 154, 1972

[5] Deutscher Ausschuss für Stahlbeton (Hrsg.): Sachstandbericht Übertragbarkeit von Frost-Laborprüfungen auf Praxisverhältnisse. Deutscher Ausschuss für Stahlbeton Heft 560, Beuth Verlag, Berlin, 2005

[6] Setzer, M. J.: Mirkoeislinsenbildung und Frostschaden. In: Werkstoffe im Bauwesen – Theorie und Praxis, Eligehausen R. (Hrsg.), Ibidem Verlag, Stuttgart, 1999, S. 397-413

[7] Setzer, M. J.: Mechanical stability criterion, triple phase condition and pressure differences of matter condensed in a porous matrix. In: J. Coll. Interface Sci. 235 (2001) S. 170-182

[8] Setzer, M. J.; Auberg, R; Hartmann, V.: Bewertung des Frost-Tausalz-Widerstands von Transportbeton. Schriftenreihe des Bundesverbandes der Deutschen Transportbetonindustrie, Heft 11, 1999

[9] Setzer, M. J.: Frostschaden – Grundlagen und Prüfung. Beton- und Stahlbetonbau 97 (2002), Heft 7, S. 350-359

[10] Feldrappe, V.; Müller, C.: Auswirkungen einer Frostbeanspruchung auf dichte hochfeste Betone. In: Beton 54 (2004) Nr. 10, S. 513-515 und Beton 54 (2004) Nr. 11, S. 575-579

[11] Valenza, J. J.; Scherer, G. W.: A review of salt scaling: II. Mechanisms. Cement and Concrete Research 37 (2007), S. 1022-1034

[12] van Breugel: Simulation of hydration and formation of structure in hardening cement-based materials. Dissertation, Technische Universität Delft, Niederlande, 1991

[13] Weigler, H.; Grübl, Karl: Beton – Arten, Herstellung und Eigenschaften. Ernst & Sohn, 2001

[14] Brameshuber, W.; Schießl, P.: Einfluss von Flugasche auf den Frost-Tausalz-Widerstand von Beton. Forschungsbericht F 759, Institut für Bauforschung Aachen, 2000

[15] Lutze, D.; vom Berg, W. (Hrsg.): Handbuch Flugasche im Beton. Verlag Bau und Technik, 2008

[16] Müller, H. S.; Herold, G.: Untersuchungen zur Dauerhaftigkeit von Betonen mit Portlandkalksteinzement unter besonderer Berücksichtigung des Frost-Tausalz Widerstandes. Forschungsbericht FE 15.308/1998/DRB, Institut für Massivbau und Baustofftechnologie, Universität Karlsruhe (TH), 2002

[17] Dhir, R. K.; Limbachiya, M. C.; McCarthy, M. J.; Chaipanich, A.: Evaluation of Portland limestone cements for use in concrete construction. In: Materials and Structures 40 (2007) S. 459-473

[18] Valenza, J. J.; Scherer, G. W.: A review of salt scaling: I. Phenomenology. In: Cement and Concrete Research 37 (2007), S. 1007-1021

[19] Deutscher Beton- und Bautechnik-Verein E.V. (Hrsg.): DBV-Merkblatt Betonieren im Winter. DBV, Berlin, 2004

[20] Haist, M.; Müller, H. S.: Industrieböden aus Beton im Überblick. In: 4. Symposium Baustoffe und Bauwerkserhaltung – Industrieböden aus Beton, Müller, H. S., Nolting, U., Haist, M. (Hrsg), Universitätsverlag Karlsruhe, 2007

[21] Deutscher Beton- und Bautechnik-Verein E.V. (Hrsg.): DBV-Merkblatt Betonrandzone,

[22] Günter, M.; Hilsdorf, H. K.: Einfluss der Nachbehandlung auf die Widerstandsfähigkeit von Betonoberflächen. Schlussbericht zum DBV-Vorhaben Nr. 88, Universität Karlsruhe, 1983

[23] RILEM Technical Committee TC 205-DSC: Final report of RILEM TC 205-DSC: durability of self-compacting concrete. In: Materials and Structures 41 (2008) S. 225-233

[24] Spörel, F.; Übachs, S.; Brameshuber, W.: Investigations on the influence of fly ash on the formation and stability of artificially entrained air voids in concrete. In: Materials and Structures, DOI 10.1617/s11527-008-9380-z, 2008

[25] Buth, E.; Ledbetter, W. B.: Influence of the degree of saturation of coarse aggregate on the resistance of saturated lightweight concrete to freezing and thawing. Highway Research Record Nr. 398, 1970, S. 1-13

[26] Faust, Th.: Leichtbeton im konstruktiven Ingenieurbau. Ernst & Sohn Verlag, Berlin, 2003

[27] Gehlen, C.; Schießl, P.; Schießl-Pecka, A.: Hintergrundinformationen zum Positionspapier des DAfStb zur Umsetzung des Konzepts von leistungsbezogenen Entwurfsverfahren unter Berücksichtigung von DIN EN 206-1, Anhang J, für dauerhaftigkeitsrelevante Problemstellungen. Beton- und Stahlbetonbau, 103, Heft 12, 2008

[28] Model Code for Service Life Design. fib Bulletin 34, Fédération Internationale du Béton (fib), Lausanne, 2006

[29] Sarja, A; Vesikari, E.: Durability Design of Concrete Structures. Report of RILEM Technical Committee 130-CSL, 1996

[30] Lowke, D.; Brandes, C.: Prognose der Schädigungsentwicklung von Betonen bei einem Frost-Tausalz-Angriff. In: 8. Münchner Baustoffseminar, Centrum für Baustoffe und Materialprüfung der TU München (Hrsg.), 2008

[31] Müller, H. S.; Reinhardt, H.-W.: Beton. In. Betonkalender 2009, Bergmeister, K., Fingerloos, F., Wörner, J.-D. (Hrsg.), Ernst & Sohn Verlag, Berlin, 2009, S. 1-149

11 Autoren

Prof. Dr.-Ing. Harald S. Müller
Dipl.-Ing. Michael Haist
Dipl.-Ing Zorana Djuric
Institut für Massivbau und Baustofftechnologie
Universität Karlsruhe (TH)
Gotthard-Franz Str. 3
76131 Karlsruhe

Einstufung von Bauteilen in Expositionsklassen

Udo Wiens

Zusammenfassung

Neben der Sicherstellung der Tragfähigkeit und der Gebrauchstauglichkeit unserer Ingenieurbauwerke wird in den aktuellen Regelwerken zur Erzielung einer Mindestlebensdauer von 50 Jahren besonderes Gewicht auf die Sicherstellung der Dauerhaftigkeit gelegt. Die „direkten" Maßnahmen zur Sicherstellung der Dauerhaftigkeit lassen sich unter Angabe der relevanten Normen in 4 Teilaspekte unterteilen:

- Richtige Erfassung und Festlegung der Bauteilexposition (DIN 1045-1; DIN EN 206-1/DIN 1045-2 [1, 2, 3])
- Festlegung der Anforderungen an die Ausgangsstoffe, Grenzwerte für die Zusammensetzung und Eigenschaften des Betons aus der Bauteilexposition (DIN EN 206-1/DIN 1045-2 [2, 3]);
- Einhaltung der Mindestbetondeckung (DIN 1045-1 [4]);
- Nachbehandlung des Betons (DIN 1045-3), [4].

Insbesondere die Einführung der Expositionsklassen als eine der Dauerhaftigkeitssäulen stellt eine wesentliche Neuerung gegenüber den alten Betonnormen dar. Unter den Expositionsklassen wird die Klassifizierung der chemischen und physikalischen Umgebungsbedingungen verstanden, die auf den Beton, die Bewehrung oder metallische Einbauteile einwirken und die nicht durch Lastannahmen erfasst werden können. So wird im Gegensatz zu den alten Normenwerken die Intensität der tatsächlich auftretenden Einwirkungen, bezogen auf den jeweiligen Zerstörungsmechanismus in Abhängigkeit von den maßgebenden Einflussparametern, berücksichtigt. Der Beitrag gibt einen Überblick über die verschiedenen Expositionsklassen nach DIN EN 206-1/DIN 1045-2 [2, 3], wobei der Fokus entsprechend der Zielsetzung der Veranstaltung auf die Klassen gelegt wird, die zur Beschreibung der Frosteinwirkung (ohne und mit Taumitteln) festgelegt wurden. Zahlreiche Beispiele erläutern die Anwendung der Expositionsklassen.

1 Expositionsklassen nach DIN EN 206-1 und DIN 1045-2

1.1 Allgemeines

In DIN 1045-1 und in DIN EN 206-1/DIN 1045-2 werden Expositionsklassen für die Bewehrungskorrosion und den Betonangriff getrennt angegeben. Wie Tabelle 1 zu entnehmen ist, sind für die Beschreibung der Umwelteinwirkungen für die Bewehrungskorrosion drei (XC, XS, XD) und für den Betonangriff vier Klassen (XF, XA, XM, W) vorgesehen.

Im Gegensatz zu den alten Normenwerken wird durch die Expositionsklassen die Intensität der tatsächlich auftretenden Einwirkungen, bezogen auf den jeweiligen Zerstörungsmechanismus in Abhängigkeit von den maßgebenden Einflussparametern, berücksichtigt. Die in den Normen integrierten, bestimmenden Einflussparameter in Bezug auf die Bewehrungskorrosion durch Karbonatisierung (XC) und Tausalzbelastung (XD) sind der Durchfeuchtungsgrad und die Häufigkeit von Nass-Trocken-Wechseln, sowie bei Korrosion durch Meerwasser (XS) oder Tausalz (XD) die Intensität der Chlorideinwirkung (Spritzwasser oder Sprühnebel). Hintergrund für diesen Ansatz ist die Berücksichtigung unterschiedlicher Korrosionsrisiken der Bewehrung. Diese wird hauptsächlich durch die Kombination aus Sauerstoff- und Feuchteangebot sowie durch die Chloridkonzentration an der Bewehrungsoberfläche beziehungsweise der Reduktion des pH-Wertes durch Karbonatisierung kontrolliert. Dabei sind der Sauerstoffgehalt und die Chloridkonzentration von der Bauteilfeuchte abhängig. Die in den Normen genannten Feuchtebedingungen beziehen sich dabei auf den Zustand innerhalb der Betondeckung, die in vielen Fällen als den Umgebungsbedingungen entsprechend angenommen werden.

Ähnlich wie bei der Bewehrungskorrosion spielt auch beim Betonangriff der Feuchtegehalt im Beton eine entscheidende Rolle. So nimmt zum Beispiel die Betonschädigung bei Frosteinwirkung (XF) mit dem Wassergehalt im Beton zu. Beim chemischen Angriff auf Beton (XA) ist neben dem Feuchteangebot die

Tab. 1: Expositionsklassen nach DIN EN 206-1/DIN 1045-2

Expositionsklasse	Europäische Namen	Erläuterung	
1	2	3	
X0	**Zero** Risk	Kein Angriffsrisiko	
XC (XC1...XC4)	**C**arbonation	Bewehrungskorrosion verursacht durch	Karbonatisierung
XD (XD1...XD3)	**D**eicing-Salt		Chloride
XS (XS1...XS3)	**S**eawater		Meerwasser
XF (XF1...XF4)	**F**rost	Betonangriff verursacht durch	Frost und Frost-Tausalz
XA (XA1...XA3)	Chemical **A**ttack		Chemischer Angriff
XM (XM1...XM3)	**M**echanical Abrasion		Verschleiß
W0, WF, WA, WS	-		Alkali-Kieselsäure-Reaktion

Konzentration des betonangreifenden Stoffes maßgebend für die Festlegung des Angriffsgrades (z. B. Sulfatgehalt des Wassers/Bodens, pH-Wert, Konzentration der kalklösenden Kohlensäure). Der Betonangriff durch Verschleiß (XM) ist durch die Intensität der mechanischen Einwirkung bestimmt. Beim intrinsischen Betonangriff durch Alkali-Kieselsäurereaktion bestimmt der Feuchtegehalt des Betons (W0 = trockene Umgebung; WF = feuchte Umgebung) und die Alkalizufuhr von außen (WA) den Schädigungsprozess. Kommt zusätzlich zur Feuchte und zum Alkaligehalt noch die dynamische Beanspruchung, z. B. bei einer Fahrbahndecke aus Beton hinzu, ist der stärkste mögliche Angriffsgrad des Betons bei diesem Schädigungsmechanismus erreicht (WS).

1.2 Expositionsklassen XF für die Frostbeanspruchung

Beim hier schwerpunktmäßig betrachteten Frostangriff (XF) werden vier Stufen unterschieden: XF1, XF2, XF3 und XF4. Der zuvor dargestellten unterschiedlichen Intensität der Frosteinwirkung durch unterschiedliche Sättigungsgrade des Betons und erhebliche Temperaturgradienten wurde in den Betonnormen DIN EN 206-1 und DIN 1045-2 durch eine Klassifizierung in entsprechende Expositionsklassen XF (Frost) Rechnung getragen. Dabei nimmt mit der Sättigung und der Taumitteleinwirkung die Schärfe des Angriffs von XF1 nach XF4 zu. Es muss berücksichtigt werden, dass bei frostbeanspruchten bewehrten Betonbauwerken mit Taumitteleinwirkung (XF2 und XF4) zusätzlich die Expositionsklassen XD oder XS, "Bewehrungskorrosion, verursacht durch Chloride" von Bedeutung sind, d. h. sowohl ein Betonangriff als auch ein Stahlangriff vorliegen. Weiterhin ist für nahezu alle bewehrten Bauteile auch die Expositionsklasse XC „Bewehrungskorrosion, verursacht durch Karbonatisierung" von Relevanz. In Tabelle 2 wurden daher die maßgeblichen Expositionsklassen des Frostangriffes (XF) und zusätzlich die Beschreibungen der Expositionsklassen XC, XD

und XS ergänzt. Die Einwirkungen sind nach DIN FB 100 [1] zu kombinieren und die Betonzusammensetzungen entsprechend der schärfsten Beanspruchung auszuwählen.

Die Bedeutung der wesentlichen Einflussgrößen beim Frostangriff, z. B. der Sättigungsgrad des Betons und die Einwirkung von Taumitteln, soll im Folgenden näher erläutert werden (siehe auch [5, 6]). In zahlreichen Veröffentlichungen werden die grundlegenden Vorgänge im Gefüge zementgebundener Baustoffe bei Temperaturen < 0 °C behandelt. Aus den Beobachtungen wurden Modelle zur Beschreibung dieser Phänomene entwickelt und Randbedingungen abgeleitet, unter denen ein Frostangriff ohne oder mit Taumitteln eine schädigende Wirkung auf Beton haben kann. Eis nimmt im Vergleich zu Wasser ein um 9 % größeres Volumen ein. Diese Volumenvergrößerung führt bei einer Frostbeanspruchung zu Spannungen im Gefüge poröser Stoffe, wenn sich Wasser in den Poren befindet, dieses gefrieren kann und kein ausreichender Expansionsraum für die Volumenvergrößerung zur Verfügung steht. Schäden können entstehen, wenn die erzeugten Spannungen die Zugfestigkeit des jeweiligen Materials überschreiten. Ein Frostschaden kann letztlich immer dann auftreten, wenn das Porensystem des betrachteten Materials bis zu einem gewissen Grad mit Wasser gefüllt ist. Der Sättigungsgrad ist daher von entscheidender Bedeutung für den Frostwiderstand des Betons. Dies gilt für Laborversuche wie für das Verhalten des Betons in der Praxis. Steht ausreichend Wasser von außen zur Verfügung, kann dieses durch wiederholte Frost-Tau-Wechsel in das Porensystem des Betons „gepumpt" werden, wodurch sich der Wassergehalt erheblich über das durch kapillares Saugen erreichbare Maß erhöht. In der Praxis tritt dieser Effekt, der in Laborversuchen anhand der Wasseraufnahme der Probekörper während des Frostversuchs nachvollzogen werden kann, nur in seltenen Fällen auf.

Tab. 2: Expositionsklassen nach DIN EN 206-1/DIN 1045-2 (Auszug) – Frostangriff und Bewehrungskorrosion durch Chloride und Karbonatisierung

Klasse	Beschreibung der Umgebung	Beispiele für die Zuordnung von Expositionsklassen (informativ)
1	2	3
Frostangriff mit und ohne Taumittel		
Wenn durchfeuchteter Beton erheblichem Angriff durch Frost-Tau-Wechsel ausgesetzt ist, muss die Expositionsklasse wie folgt zugeordnet werden:		
XF1	mäßige Wassersättigung, ohne Taumittel	Außenbauteile
XF2	mäßige Wassersättigung, mit Taumittel	Bauteile im Sprühnebel- oder Spritzwasserbereich von taumittelbehandelten Verkehrsflächen, soweit nicht XF4; Betonbauteile im Sprühnebelbereich von Meerwasser
XF3	hohe Wassersättigung, ohne Taumittel	offene Wasserbehälter; Bauteile in der Wasserwechselzone von Süßwasser
XF4	hohe Wassersättigung, mit Taumittel	Verkehrsflächen, die mit Taumitteln behandelt werden; überwiegend horizontale Bauteile im Spritzwasserbereich von taumittelbehandelten Verkehrsflächen; Räumerlaufbahnen von Kläranlagen; Meerwasserbauteile in der Wasserwechselzone
Bewehrungskorrosion, ausgelöst durch Karbonatisierung		
Wenn Beton, der Bewehrung oder anderes eingebettetes Metall enthält, Luft und Feuchte ausgesetzt ist, muss die Expositionsklasse wie folgt zugeordnet werden:		
ANMERKUNG Die Feuchtebedingung bezieht sich auf den Zustand innerhalb der Betondeckung der Bewehrung oder anderen eingebetteten Metalls; in vielen Fällen kann jedoch angenommen werden, dass die Bedingungen in der Betondeckung den Umgebungsbedingungen entsprechen. In diesen Fällen darf die Klasseneinteilung nach der Umgebungsbedingung als gleichwertig angenommen werden. Dies braucht nicht der Fall sein, wenn sich zwischen dem Beton und seiner Umgebung eine Sperrschicht befindet.		
XC1	trocken oder ständig nass	Bauteile in Innenräumen mit üblicher Luftfeuchte (einschließlich Küche, Bad und Waschküche in Wohngebäuden); Beton, der ständig in Wasser getaucht ist
XC2	nass, selten trocken	Teile von Wasserbehältern; Gründungsbauteile
XC3	mäßige Feuchte	Bauteile, zu denen die Außenluft häufig oder ständig Zugang hat, z. B. offene Hallen, Innenräume mit hoher Luftfeuchtigkeit z. B. in gewerblichen Küchen, Bädern, Wäschereien, in Feuchträumen von Hallenbädern und in Viehställen
XC4	wechselnd nass und trocken	Außenbauteile mit direkter Beregnung
Bewehrungskorrosion, verursacht durch Chloride, ausgenommen Meerwasser		
Wenn Beton, der Bewehrung oder anderes eingebettetes Metall enthält, chloridhaltigem Wasser, einschließlich Taumittel, ausgenommen Meerwasser, ausgesetzt ist, muss die Expositionsklasse wie folgt zugeordnet werden:		
XD1	mäßige Feuchte	Bauteile im Sprühnebelbereich von Verkehrsflächen; Einzelgaragen
XD2	nass, selten trocken	Solebäder; Bauteile, die chloridhaltigen Industrieabwässern ausgesetzt sind
XD3	wechselnd nass und trocken	Teile von Brücken mit häufiger Spritzwasserbeanspruchung; Fahrbahndecken; direkt befahrene Parkdecks[a]
Bewehrungskorrosion, verursacht durch Chloride aus Meerwasser		
Wenn Beton, der Bewehrung oder anderes eingebettetes Metall enthält, Chloriden aus Meerwasser oder salzhaltiger Seeluft ausgesetzt ist, muss die Expositionsklasse wie folgt zugeordnet werden:		
XS1	salzhaltige Luft, aber kein unmittelbarer Kontakt mit Meerwasser	Außenbauteile in Küstennähe
XS2	unter Wasser	Bauteile in Hafenanlagen, die ständig unter Wasser liegen
XS3	Tidebereiche, Spritzwasser- und Sprühnebelbereiche	Kaimauern in Hafenanlagen

[a] Ausführung nur mit zusätzlichen Maßnahmen (z. B. rissüberbrückende Beschichtung, s. a. DAfStb Heft 526)

Die zuvor allgemein beschriebenen Erkenntnisse werden bei der deskriptiven Beschreibung der Frosteinwirkungen in Form der Klassen XF genutzt (siehe Tabelle 2). Dabei bedeutet XF1 mäßige Wassersättigung ohne Taumittel bzw. Meerwasser. Dies sind zum Beispiel alle Außenbauteile, die direkt beregnet werden, die aber nie einen kritischen Sättigungsgrad erreichen [5]. Als Sättigungsgrad ist das Verhältnis des aufgenommenen Wassers zu dem maximal aufnehmbaren Wasser definiert, oder anders ausgedrückt, der Anteil des Porenraums, der mit Wasser gefüllt ist. Wegen der stark unterschiedlichen Größe der Poren kann man daraus nicht schließen, dass eine Sättigung von 90 % gerade noch keinen Schaden verursacht. Vielmehr ist es so, dass Bauteilzonen, die weniger als 75 bis 80 % wassergesättigt sind, keinen Schaden erleiden [7]. Dazu werden die üblichen Außenbauteile gerechnet.

XF2 beschreibt die mäßige Wassersättigung mit gleichzeitiger Taumittel- bzw. Meerwassereinwirkung. XF2 ist z. B. bei Bauteilen im Sprühnebel oder Spritzwasserbereich von Taumittel behandelten Verkehrsflächen gegeben, soweit bei diesen nicht durch hohe Wassersättigung eine Einstufung in XF4 erfolgen muss. Auch Bauteile im Sprühnebelbereich von Meerwasser sind hierunter zu fassen. Im Gegensatz zu XF1 handelt es sich hier also um Wasser, das entweder Taumittel oder Salz aus Meerwasser enthält. Das Einwirken von Taumitteln wirkt hinsichtlich des Betonangriffes durch physikalische und chemische Effekte (z. B. Auslaugung des Calciumhydroxids) zusätzlich verschärfend. So nimmt der hydraulische Druck auf das Betongefüge durch Taumittel zu, da der Anteil Wasser, der in den Poren gefrieren kann, mit zunehmender Taumittelkonzentration abnimmt. Eine weitere Wirkung ist die Osmose. Darunter versteht man den Konzentrationsausgleich von zwei Flüssigkeiten, die durch eine semipermeable Membran getrennt sind. Im Beton bewirkt die Osmose, dass an Orten mit hoher Salzkonzentration Wasser zuströmt. Das Porenwasservolumen nimmt dadurch zu und es kommt zu einem zusätzlichen hydraulischen Druck im Betongefüge. Lagenweises Gefrieren entsteht nach dem Modell von Springenschmid [8] dadurch, dass die Bauteiloberflächen und tiefer liegende Bereiche gefroren sind und, da die Gefrierpunkterniedrigung des Wassers von der Salzkonzentration abhängt, dazwischen liegende Lagen des Betons erst bei weiterer Erniedrigung der Temperatur gefrieren. Durch das Gefrieren entsteht ein Sprengdruck, der den Beton schuppenartig abplatzen lässt.

XF1 und XF2 stellen insgesamt gesehen relativ geringe Beanspruchungen dar, da der Beton nur mäßig wassergesättigt ist. XF3 geht mit einer hohen Wassersättigung ohne Taumittel bzw. Meerwasser

einher. Es handelt sich hier um offene Wasserbehälter oder Bauteile in der Wasserwechselzone von Süßwasserbauwerken, also z. B. Brückenpfeiler in Flüssen. Es muss davon ausgegangen werden, dass hier die Wassersättigung so hoch ist, dass die kritische Sättigung des Betons erreicht werden kann. Hinzu kommen bei frei bewitterten Flächen die erheblichen Beanspruchungen aus den Temperaturgradienten (Frost-Tau-Wechsel). Dementsprechend werden dann auch höhere Anforderungen an die Betonqualität gestellt. XF4 schließlich bedeutet hohe Wassersättigung und zusätzlich Taumittel bzw. Meerwasser. In der Praxis handelt es sich dabei um Verkehrsflächen, die mit Taumittel behandelt werden, oder überwiegend horizontale Bauteile im Spritzwasserbereich von taumittelbehandelten Verkehrsflächen, also z. B. Teile von Brücken wie Brückenkappen, die mehr oder weniger horizontal liegen und wo das Wasser sich anreichern kann. Außerdem kann es Räumerlaufbahnen von Kläranlagen betreffen und schließlich Bauteile in der Wasserwechselzone von Meerwasser.

Zur Sicherstellung eines dauerhaften Frostwiderstandes eines Betonbauwerkes ist der Einwirkung ein bestimmter Bauteilwiderstand entgegenzusetzen. Dem normativen Konzept der Dauerhaftigkeit folgend, werden sowohl an die Ausgangsstoffe als auch an die Betonzusammensetzung Grundanforderungen gestellt. DIN 1045-2 und DIN EN 206-1 enthalten die zu berücksichtigenden Anforderungen an die Ausgangsstoffe, die Zusammensetzung und die Eigenschaften des Betons. Die genannten Anforderungen werden in Form von Grenzwerten festgelegt. Im Einzelnen sind in Abhängigkeit von den o. g. Expositionsklassen der höchstzulässige Wasserzementwert, die Mindestdruckfestigkeitsklasse, der Mindestzementgehalt, der Mindestzementgehalt bei Anrechnung von Zusatzstoffen, der Mindestluftgehalt, die Anwendungsbereiche der Zemente und „andere Anforderungen" einzuhalten.

2 Beispiele für die Anwendung der Expositionsklassen

2.1 Üblicher Hochbau (Wohn- und Gewerbebau)

Wie zuvor gezeigt, ist bei fast allen Expositionsklassen die Beurteilung des Feuchtegehaltes in der Betonrandzone erforderlich. Der Feuchtegehalt ist u. a. davon abhängig, ob das Betonbauteil mit einer Zusatzschicht versehen ist oder nicht. Gerade im üblichen Hochbau werden Betonbauteile aus ästhetischen oder aus Gründen des Wärmeschutzes verkleidet.

Vertikale, außen liegende Bauteilflächen, die z. B. wegen einer Zusatzschicht nicht direkt beregnet sind, können grundsätzlich als mäßig feucht beurteilt werden, da das Wasser auf der Schicht abläuft [9]. Bauteile, die außen vollflächig mit einem Wärmedämmverbundsystem (WDVS) versehen sind und direkt bewittert sind, können in die Expositionsklasse XC1 (trocken) eingestuft werden. Verputze Bauteile, abgedichtete Dächer, die direkt bewittert sind sowie Betonbauteile hinter hinterlüfteten Fassaden sollten in der Regel in Expositionsklasse XC3 eingestuft werden, weil in diesem Fall der Feuchtezutritt nicht sicher ausgeschlossen werden kann.

Mit Ausnahme des WDVS wird bei den anderen aufgeführten Schutzschichten das Vordringen der Feuchte bis an die Betonoberfläche nicht grundsätzlich ausgeschlossen ist (z. B. durch Rissbildung im Putz). Andererseits werden nicht die Feuchtegehalte eines direkt beregneten Bauteils erreicht (= XC4 => Außenbauteil). Beim WDVS wird unterstellt, dass die Betonoberfläche weitgehend trocken ist und bleibt. So ist beispielsweise alleine die Risssicherheit beim WDVS durch ein in die äußere Schicht des WDVS eingebrachtes Gewebe gegenüber einem einfachen Putzsystem erhöht.

Bei der Einstufung von Großwäschereien sollte auf der sicheren Seite liegend zunächst von der Expositionsklasse XC3 ausgegangen werden, es sei denn, es wird sichergestellt, dass z. B. durch entsprechende bauphysikalische Maßnahmen die Luftfeuchte dauerhaft unter 70 % relative Feuchte gehalten werden kann. Mit zunehmendem Feuchtegehalt des Betons wird zwar die Eindringgeschwindigkeit für CO2 reduziert, andererseits erhöht sich mit wachsendem Feuchtegehalt die elektrische Leitfähigkeit des Betons, wodurch eine notwendige Grundvoraussetzung für den Aufbau von Elementströmen zwischen Anode und Kathode gegeben ist, die für den Korrosionsfortschritt der Bewehrung verantwortlich sind. Bei dauerhaft unter Wasser gelagerten Betonbauteilen kommt der Korrosionsprozess in der Regel nach kurzer Zeit zum Erliegen, da der Sauerstoffnachschub zur Kathode unterbrochen wird und damit die kathodische Teilreaktion im Korrosionsprozess unterbunden wird.

Bei Sandwichtafeln mit Fugenabdichtung sollte die Innenseite der Vorsatzschicht und in der Regel auch die gegenüberliegende Seite der Tragschicht im Bereich einer anliegenden, geschlossenporigen Kerndämmung auf der sicheren Seite liegend der Expositionsklasse XC3 zugeordnet werden, da eine Hinterfeuchtung dieser Bereiche nicht eindeutig ausgeschlossen werden kann.

Kommt zu der Feuchte Frost hinzu, sind zusätzlich die Expositionsklassen XF zu beachten. Auch hierzu besteht Auslegungsbedarf. Auf die Frage "Sind Innenbauteile (z. B. Stahlbeton C20/25, XC1) bei einer Winterbaustelle in eine andere Ex-

positionsklasse einzuordnen (hier z. B. C25/30, XF1), oder ist hier der Frostangriff nicht relevant, da er nicht über Jahre erfolgt?" lässt sich folgende Antwort geben: Eine Einordnung in XF1 aufgrund der Kurzfristigkeit der Einwirkung für ein Innenbauteil (z. B. innen liegende Wohnhausdecke) ist in der Regel nicht erforderlich, auch wenn das Bauteil im Winter kurzfristig einmal einer Frostbeanspruchung ausgesetzt ist. Für den Schädigungsprozess sind i. W. die häufigen Frost-Tau-Wechsel und die vorhandene Wassersättigung maßgebend. Für die Frühphase der Erhärtung sieht DIN 1045-3 entsprechende Vorsorgemaßnahmen vor. So darf der Beton während der ersten Tage der Hydratation in der Regel erst dann durchfrieren, wenn seine Temperatur vorher wenigstens 3 Tage + 10 °C nicht unterschritten hat oder wenn er bereits eine Druckfestigkeit von f_{cm} = 5 N/mm² erreicht hat. Weiterhin sollte während der Winterperiode mit intensiver Frostbeanspruchung durch entsprechende Schutzmaßnahmen auf der Baustelle die Bildung von größeren zusammenhängenden Wasserflächen auf den Bauteiloberflächen verhindert werden.

Wasserberührte Oberflächen von Regenüberlaufbecken mit und ohne Frosteinwirkung können in der Regel den Expositionsklassen XC4 und zusätzlich XF3 (nur bei Frostbeanspruchung) zugeordnet werden, wenn die Chloridbeanspruchung, z. B. aus Taumitteln, die im Winter eingesetzt werden, als gering angesehen werden kann. Als Anhaltswert für eine obere Grenze der Chloridkonzentration im Regenüberlaufbecken kann hier zum Beispiel die höchstzulässige Chloridkonzentration im Zugabewasser zur Betonherstellung nach DIN EN 1008 angesetzt werden, die für Beton mit Betonstahlbewehrung oder eingebetteten Metallteilen mit 1000 mg Cl je l angegeben ist [10].

Bauteile, auf die eine Wärmedämmung gemäß Energieeinsparverordnung aufgebracht wird, müssen nicht in die Expositionsklasse XF1 eingestuft werden, da sich Feuchtegehalte und Betonoberflächentemperaturen in einem Bereich bewegen, in dem eine Betonschädigung durch Frost ausgeschlossen werden kann. Temperaturverlauf und Feuchtegehalt spielen auch bei der richtigen Wahl der Expositionsklasse für Betonbauteile, die im Boden eingebettet sind, eine entscheidende Rolle. Insbesondere ist hier die Frage von Interesse, in welche Expositionsklasse Stahlbetonbauteile (z. B. Fundamente) einzustufen sind, die sich im Erdreich im noch nicht frostfreien Bereich befinden (z. B. von Geländeoberkante bis 0,80 m Tiefe). Vertikale Flächen und Unterseiten von Bauteilen, eingebunden im nicht frostfreien Bereich des Erdreiches, müssen hinsichtlich des potenziellen Feuchtegehaltes auf der sicheren Seite liegend zunächst als "mäßig wassergesättigt" im Sinne von XF1 eingeordnet werden, wenn lediglich Bodenfeuchte oder zeitweise aufstauendes Sickerwasser ansteht. Hinsichtlich der Temperaturbeanspruchung kann davon ausgegangen werden, dass der Boden eine gewisse Wärmespeicherkapazität aufweist, die dafür sorgt, dass die häufigen Temperaturwechsel und auch die niedrigen Temperaturen nicht erreicht werden, die an der Außenluft bei direkt bewitterten Oberflächen auftreten. Der Boden kühlt langsamer ab und wärmt sich insgesamt langsamer auf. (vgl. Abbildung 1).

Somit liegt bei diesen Bauteilen der der Expositionsklasse XF1 zugehörige "erhebliche Angriff durch Frost-Tau-Wechsel" nicht vor. Es kommen nur die Expositionsklasse für Karbonatisierung (i. d. R. XC2) und ggf. für chemischen Angriff XA aus Boden und Grundwasser (Angaben im Bodengutachten oder aus langjährigen Erfahrungen) in Frage.

Abbildung 2 fasst anhand von Bauteilen eines Einfamilienhauses die wesentlichen Expositionsklassen in diesem Abschnitt zusammen.

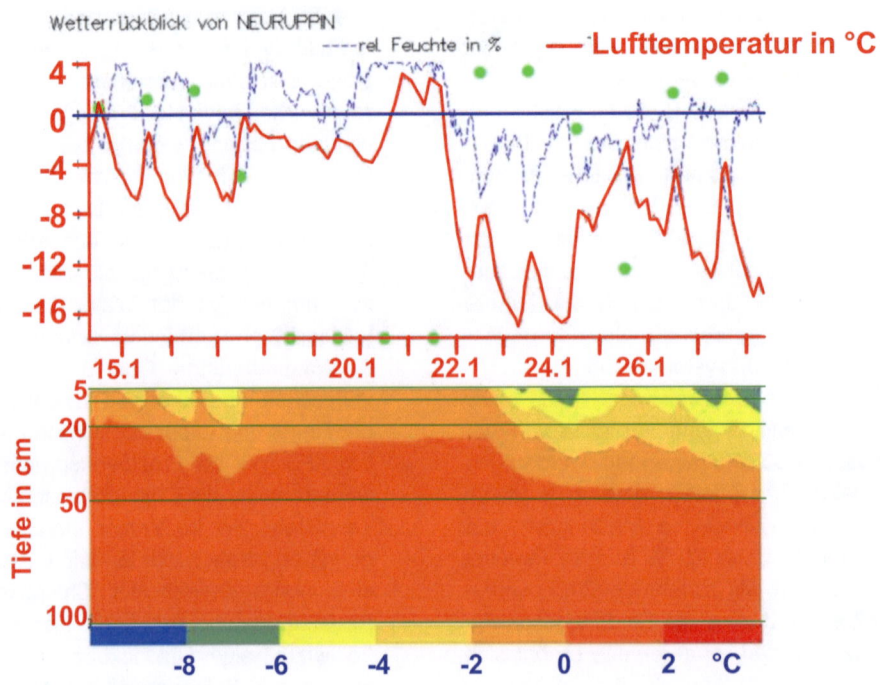

Abb. 1: Temperaturprofil im Boden in Abhängigkeit von der Lufttemperatur, Messstation Neuruppin, Januar 2006; Quelle: www.agrowetter.de

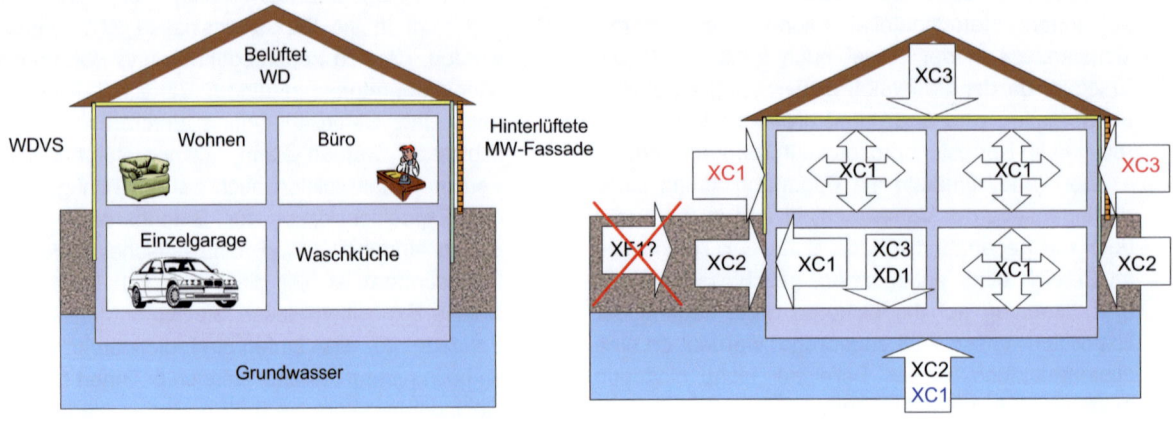

Abb. 2: Einordnung von Bauteilen eines Einfamilienhauses in Expositionsklassen nach DIN 1045-2 und DIN EN 206-1

Expositionsklassen nach Norm: XC1: trocken oder ständig nass
                                XC2: nass, selten trocken
                                XC3: mäßige Feuchte

2.2 Verkehrswegebau

Für Betonbauteile im Bereich des Brücken- und konstruktiven Ingenieurbaus an Bundesfernstraßen enthält die ZTV-ING [11] die Zuordnung zu den Expositionsklassen XF (Frost mit Tausalz), deren Festlegungen teilweise von DIN 1045-2 abweichen. Für alle weiteren Einwirkungen aus der Umgebung müssen die Expositionsklassen nach DIN FB 100 zugeordnet werden. Gegenüber dem üblichen Hochbau ist bei Betonbauteilen im Bereich des Brücken- und konstruktiven Ingenieurbaus grundsätzlich von einer deutlich stärkeren Beanspruchung auszugehen. Tabelle 3 gibt einen exemplarischen Überblick für die unterschiedliche Zuordnung von Brücken- und Tunnelbauteilen zu Expositionsklassen [5]. Aus den fernstraßen-spezifischen Erfahrungen heraus wird lotrechten Bauteilen, die nicht direkt am Fahrbahnrand stehen, XD2 zugeordnet. Betonschutzwände werden in XD3 eingeordnet.

Abbildung 3 zeigt anhand des Beispieles einer durch Autoverkehr unterfahrenen Brücke, deren Pfeiler im Spritzwasserbereich und deren Überbauuntersicht im Sprühnebelbereich liegen, wie die einzelnen Bauteile in das Konzept der Expositionsklassen eingeordnet werden und welche den damit verknüpften Anforderungen an die Dauerhaftigkeit (Mindestdruckfestigkeitsklasse, Mindestbetondeckung) einzuhalten sind. Nach ZTV-ING, Teil 3, „Massivbau", Abschnitt 1, „Beton", ergeben sich für die Pfeiler die Umgebungsklassen XD2/XF2 (C30/37) und den Überbau XD1/XF2 (C35/45). Für die Pfeiler, Kappen und den Überbau wird ein Mindestmaß für die Betondeckung von min c = 40 mm und das Nennmaß von nom c = 45 mm gefordert. Sprühnebel- und Spritzwasserbereich werden hinsichtlich der Mindestbetondeckung gleich behandelt.

Tab. 3: Beispiele für die Zuordnung von Bauteilen zu den Expositionsklassen nach Entwurf

Bauteil	Expositionsklassen		
	XD1	XD2	XF2
	Chlorid, mäßige Feuchte	Chlorid, nass, selten trocken	Frost, mäßige Wassersättigung, Taumittel
	Bauteile im Sprühnebel	lotrechte Bauteile im Spritzwasser	alle Bauteile, die nicht XF4 zugeordnet sind
1	2	3	4
Lotrechte Flächen ausschließlich im Sprühnebelbereich, z. B. Überbauten im Sprühnebelbereich	X		X
Lotrechte Flächen im Spritzwasserbereich[1], z. B. Widerlager, Pfeiler		X	X[1]
Tunnel (Innenschale, Decke, Wände) im Einfahrtsbereich[3]		X	X
Tunnel (Innenschale, Decke, Wände)	X		X
Tunnelsohlen und Trogsohlen mit außenliegender Folienabdichtung[2]	X		
Tunnelsohlen und Trogsohlen als weiße Wanne[2]		X	
Gründungen, Fundamente		X	

[1] Um Aufsteigen von tausalzhaltigem Wasser im Beton zu verhindern, ist durch konstruktive Maßnahmen sicherzustellen, dass tausalzhaltiges Spritzwasser abgeleitet wird.

[2] Die Straße wird auf einem Aufbau nach RSTO (Richtlinie für die Standardisierung des Oberbaus von Verkehrsflächen) verlegt.

[3] Die Länge des Einfahrtsbereiches ist im Einzelfall festzulegen.

Abb. 3: Einteilung in Expositionsklassen und Anforderungen an die Dauerhaftigkeit (Mindestdruckfestigkeitsklassen und Mindestbetondeckungen) am Beispiel einer durch Autoverkehr unterfahrenen Brücke nach DIN-Fachbericht „Betonbrücken" und Entwurf ZTV-ING

2.3 Wasserbau

Zusätzlich zu den Beispielen für die Zuordnung zu Expositionsklassen nach DIN EN 206-1/1045-2 (s. a. Tabelle 2) lassen sich in ZTV-W LB 215 [12] die in Tabelle 4 aufgeführten wasserbauspezifischen Beispiele finden.

3 Zusammenfassung

Mit der Einführung von Expositionsklassen in die Betonnormen wird die Intensität der tatsächlich auftretenden Einwirkungen, bezogen auf den jeweiligen Zerstörungsmechanismus in Abhängigkeit von den maßgebenden Einflussparametern, berücksichtigt. Insofern wird die Beanspruchung eines Betonbauteils durch die Umwelteinwirkungen realistischer als in der Vergangenheit abgebildet.

Das einfache Klassensystem hat sich in der praktischen Anwendung über die vergangenen 8 Jahre seit Veröffentlichung der neuen Betonnormen bewährt, auch wenn es in einigen Fällen noch Auslegungsbedarf gab.

4 Literatur

[1]   DIN 1045-1:2008-08, Tragwerke aus Beton, Stahlbeton und Spannbeton - Teil 1: Bemessung und Konstruktion

[2]   DIN EN 206-1:2001-07, Beton - Teil 1: Festlegung, Eigenschaften, Herstellung und Konformität; Deutsche Fassung EN 206-1:2000

[3]   DIN 1045-2:2008-08, Tragwerke aus Beton, Stahlbeton und Spannbeton - Teil 2: Beton – Festlegung, Eigenschaften, Herstellung und Konformität; Deutsche Anwendungsregeln zu DIN EN 206-1

[4]   DIN 1045-3:2008-08, Tragwerke aus Beton, Stahlbeton und Spannbeton - Teil 3: Bauausführung

[5]   Reinhardt, H.-W.: Expositionsklassen und Mindestanforderungen an die Betonzusammensetzung. Erläuterungen zu den Normen DIN EN 206-1, DIN 1045-2, DIN 1045-3, DIN 1045-4 und DIN 4226. Berlin: Beuth. In: Schriftenreihe des Deutschen Ausschusses für Stahlbeton (2003), Nr. 526

[6]   Siebel, E. et al.: Sachstandbericht Übertragbarkeit von Frost-Laborversuchen auf Praxisverhältnisse. Berlin: Beuth. In: Schriftenreihe des Deutschen Ausschusses für Stahlbeton (2005), Nr. 560

[7]   Maage, M.; Smeplas, S.; Thienel, K.-Ch.: Guideline for LWA and LWAC Production and Execution. Second International Symposium on Structural Lightweight Aggregate Concrete, S. 802 – 810, Kristiansand, Norway, 18-22 June 2000

[8]   Springenschmid, R.: Grundlagen und Praxis der Herstellung und Überwachung von Luftporenbeton. Zement und Beton 47 (1969) H.1, S. 19-25

[9]   Reinhardt, H.-W.; Wiens, U.: Ausgewählte Auslegungen zu DIN EN 206-1 und DIN 1045 2 – Einordnung von Bauteilen in Expositionsklassen. Beton 57 (2007), H.3, S. 82-85

[10] DIN EN 1008, Zugabewasser für Beton – Festlegung für die Probenahme, Prüfung und Beurteilung der Eignung von Wasser, einschließlich bei der Betonherstellung anfallendem Wasser, als Zugabewasser für Beton

[11] Bundesministerium für Verkehr, Bau- und Wohnungswesen (BMVBW): Zusätzliche Technische Vertragsbedingungen und Richtlinien für Ingenieurbauten (ZTV-ING). März 2003.

[12] Zusätzliche Technische Vertragsbedingungen – Wasserbau (ZTV-W) für Wasserbauwerke aus Beton und Stahlbeton (Leistungsbereich 215), 2004

Tab. 4: Expositionsklassen (wasserbauspezifische Beispiele) – Auszug aus ZTV-W LB 215

Klassenbezeich-nung	Beschreibung der Umgebung	Wasserbauspezifische Beispiele[1] für die Zuordnung von Expositionsklassen(informativ)
1 Kein Korrosions- oder Angriffsrisiko		
X0	Bauteile ohne Bewehrung oder eingebettetes Metall in nicht betonangreifender Umgebung	Unbewehrter Kernbeton bei zonierter Bauweise
2 Bewehrungskorrosion, ausgelöst durch Karbonatisierung		
XC1	trocken oder ständig nass	Sohlen von Schleusenkammern, Sparbecken oder Wehren, Schleusenkammerwände unterhalb UW, hydraulische Füll- und Entleersysteme
XC2	nass, selten trocken	Schleusenkammerwände im Bereich zwischen UW und OW (sinngemäß Sparbeckenwände)
XC3	mäßige Feuchte	Nicht frei bewitterte Flächen (Außenluft, vor Niederschlag geschützt)
XC4	wechselnd nass und trocken	Freibord von Schleusenkammer- oder Sparbeckenwänden, Wehrpfeiler oberhalb NW, frei bewitterte Außenflächen
3 Bewehrungskorrosion, verursacht durch Chloride, ausgenommen Meerwasser		
XD1	mäßige Feuchte	Wehrpfeiler im Sprühnebelbereich von Straßenbrücken
XD2	nass, selten trocken	
XD3	wechselnd nass und trocken	Plattformen von Schleusen, Verkehrsflächen (z.B. Hafen-flächen), Treppen an Wehrpfeilern
4 Bewehrungskorrosion, verursacht durch Chloride aus Meerwasser		
XS1	Salzhaltige Luft, aber kein unmittelbarer Kontakt mit Meerwasser	Außenbauteile in Küstennähe
XS2	unter Wasser	Sperrwerksohlen, Wände und Gründungspfähle unter NNTnW
XS3	Tidebereiche, Spritzwasser- und Sprühnebelbereiche	Gründungspfähle, Kajen, Molen und Wände oberhalb NNTnW
5 Frostangriff mit und ohne Taumittel/Meerwasser		
XF1	mäßige Wassersättigung mit Süßwasser ohne Taumittel	Freibord von Sparbeckenwänden, Wehrpfeiler oberhalb HW
XF2	mäßige Wassersättigung mit Meerwasser und / oder Tau-mittel	Vertikale Bauteile im Spritzwasserbereich und Bauteile im unmittelbaren Sprühnebelbereich von Meerwasser
XF3	hohe Wassersättigung mit Süßwasser ohne Taumittel	Schleusenkammerwände im Bereich zwischen UW-1,0 m und OW+1,0 m (Sparbeckenwände sinngemäß), Ein- und Aus-laufbereiche von Dükern zwischen NW und HW, Wehrpfeiler zwischen NW und HW
XF4	hohe Wassersättigung mit Meerwasser und / oder Tau-mittel	Vertikale Flächen von Meerwasserbauteilen wie Grün-dungspfähle, Kajen und Molen im Wasserwechselbereich, meerwasserbeaufschlagte horizontale Flächen, Plattformen von Schleusen, Verkehrsflächen (z.B. Hafenflächen), Trep-pen an Wehrpfeilern

[1] Diese Beispiele gelten für die überwiegende Beanspruchung während der Nutzungsdauer, Abweichende Umgebungsbedingungen während der Bauzeit oder Nutzung (z.B. Trockenlegung) führen erfahrungsgemäß nicht zu Schäden.

5   Autor

Dr.-Ing. Udo Wiens
Deutscher Ausschuss für Stahlbeton e.V.
Burggrafenstr. 6
10787 Berlin

Frost- und Frost-Tausalz-Prüfverfahren und ihre Übertragbarkeit

Ulf Guse

Zusammenfassung

Ausgehend von einem Überblick über die von der aktuellen Normungsarbeit erfassten Frostprüfverfahren und deren wesentliche Kriterien wird die Übertragbarkeit der Prüfergebnisse auf Praxisverhältnisse für das in Deutschland häufig angewandte Verfahren für die Prüfung des Frost-Tausalzwiderstandes, das CDF-Verfahren, und des Frostwiderstandes, das CIF-Verfahren, behandelt. Untersuchungen im Rahmen eines Verbundforschungsvorhabens des DAfStb mit dem Titel "Übertragbarkeit von Frost-Laborprüfungen auf Praxisverhältnisse" ergaben, dass es mit dem CDF-Verfahren gelingt, die in der Praxis maßgebenden Schädigungsprozesse im Versuch beschleunigt ablaufen zu lassen, sodass sich ein "Zeitraffereffekt" der Abwitterung einstellt. Damit ist auf der Basis der Abwitterung eine Bewertung von Betonen sowohl hinsichtlich der mindestens zu fordernden bzw. ausreichenden Leistungsfähigkeit als auch die Überprüfung einer gleichwertigen Leistungsfähigkeit möglich. Noch nicht abschließend geklärt werden konnte, inwieweit die im CIF-Verfahren gemessene Abnahme des relativen dynamischen Elastizitätsmoduls als Maßstab für die in der Praxis zu erwartende Schädigung herangezogen werden kann.

1   Einführung

Für die Beurteilung des Frost- und des Frost-Tausalzwiderstandes von Betonen existieren Modelle, die die Schädigungsmechanismen beschreiben und Verfahren, die zur Beurteilung genutzt werden [1]. In Deutschland werden Frostprüfverfahren allerdings nicht als primäres Qualitätssicherungselement im Sinne von DIN EN 206-1, Anhang J [2], eingesetzt, sondern als Ergänzung zum deskriptiven Normenkonzept [2, 3]. Anlass hierfür sind in erster Linie Defizite bei den Grundlagen für die Anwendung des deskriptiven Konzeptes, wie z. B. unzureichende Langzeiterfahrungen mit neuen Betonausgangsstoffen sowie Betonzusammensetzungen und/oder erhöhte Anforderungen hinsichtlich der Nutzungsdauer bzw. der Versagenswahrscheinlichkeit von Sonderbauwerken, z. B. bei Großprojekten im Verkehrswegebau. Hier wird in der Regel ein Vergleich zwischen der Leistungsfähigkeit bewährter Betone im Frostprüfverfahren mit der des zu beurteilenden Betons vorgenommen.

Unsicherheiten bestehen zurzeit bei allen Frostprüfverfahren hinsichtlich der Frage, inwieweit die im Labor erzielten Prüfergebnisse das Verhalten des Betons in der Praxis widerspiegeln. Dies resultiert u. a. daraus, dass zwischen der Beanspruchung in der Natur und den Frostprüfverfahren erhebliche Unterschiede bestehen können. Sie betreffen neben dem Feuchtezustand der Betone auch die Abkühl- und die Auftaurate, die Maximal- und die Minimaltemperatur, die Anzahl der Frost-Tauwechsel sowie den Beanspruchungszeitpunkt (Prüfalter bzw. Reife).

Da die tatsächlichen Bedingungen zu vielfältig sind, als dass ihr Spektrum in einer Laborprüfung umfassend abgebildet werden könnte, stellt ein Prüfverfahren in der Regel eine Konvention dar. Ob eine grundsätzliche Eignung der eingesetzten Verfahren zur Simulation der Frostbeanspruchung von Bauwerken unterstellt werden kann, ist im Wesentlichen davon abhängig, ob es gelingt, die in der Praxis maßgebenden Schädigungsprozesse im Versuch beschleunigt ablaufen zu lassen ("Zeitraffereffekt"). Bewirkt eine Überhöhung der Beanspruchung auch eine Veränderung des Schädigungsprozesses, so entsteht ein Schadensbild, das in der Praxis nicht auftritt. Bei zutreffender Simulation ist zu klären, welche Schädigung im Prüfverfahren, z. B. die Abwitterung in Abhängigkeit von der Zyklenanzahl, welchem Schadensbild bzw. Zeitraum in der Praxis entspricht, und zwar in Abhängigkeit von der Beanspruchung (Expositionsklasse) und den klimatischen Bedingungen am Bauwerksstandort.

2   Prüfverfahren

2.1   Vorbemerkungen

Obwohl ein Laborprüfverfahren zur Simulation der Frostbeanspruchung von Bauwerken in der Regel eine Konvention darstellt, sind an das Verfahren generell folgende Anforderungen zu stellen [1]:

- die physikalischen (und ggf. chemischen) Schadensursachen sind richtig zu erfassen;

- die Beanspruchung des Betons im Bauwerk ist so abzubilden, dass alle relevanten Angriffsarten abgedeckt sind, d. h. es ist eine realistische Abschätzung zwischen dem maximal zu erwartenden Angriff und dem konkreten Fall vorzunehmen;
- Beurteilungskriterien sollten in jedem Fall auf der sicheren Seite liegen;
- Betone, die einen hohen bzw. ausreichenden Frost- bzw. Frost-Tausalzwiderstand aufweisen, müssen reproduzierbar und mit ausreichender Genauigkeit von Betonen ohne ausreichenden Frost- bzw. Frost-Tausalzwiderstand differenziert werden können (hohe Trennschärfe, hohe Wiederhol- und Vergleichspräzision nach ISO 5725);
- bekannte Einflüsse der Betonzusammensetzung auf den Frost- bzw. Frost-Tausalzwiderstand müssen sich in den Ergebnissen widerspiegeln.

Dargestellt werden Prüfverfahren, die Eingang in die aktuelle Normungsarbeit und in Richtlinien fanden bzw. noch Gegenstand der Forschung sind. Mit diesen Verfahren kann eine Beurteilung von Betonen erfolgen, die einem Frostangriff gemäß folgenden Expositionsklassen nach [2, 3] unterliegen:

- XF4 - hohe Wassersättigung mit Taumittel, z.B. Verkehrsflächen, Räumerlaufbahnen;
- XF2 - mäßige Wassersättigung mit Taumittel, z.B. Bauteile im Kontakt mit taumittelhaltigem Spritzwasser und Sprühnebel;
- XF3 - hohe Wassersättigung ohne Taumittel, z.B. Bauteile in der Wasserwechselzone von Wasserbauwerken.

Für ein Prüfverfahren, das die Bedingungen der Expositionsklasse XF1 gemäß [2, 3] simuliert, wird derzeit kein Bedarf gesehen.

2.2 Frost-Tausalzwiderstand – XF4

Zur Prüfung des Frost-Tausalzwiderstandes enthält die Vornorm DIN CEN/TS 12390-9 [4] insgesamt drei Prüfverfahren, mit denen der Widerstand einer Betonoberfläche gegen Abwitterung untersucht werden kann, und zwar das:

- Plattenprüfverfahren, vgl. Abbildungen 1 und 2;
- Würfelprüfverfahren, vgl. Abbildungen 3 und 4;
- CDF-Prüfverfahren vgl. Abbildungen 5 und 6.

Erläuterung der Abkürzung CDF: C = capillary suction, D = deicing solution, F = freeze-thaw-test

Die Prüfanordnungen dieser Verfahren und der jeweils zugehörige verfahrensspezifische Temperaturgang während der Frost-Taubeanspruchung sind in den Abbildungen 1 bis 6 dargestellt. Als Referenzprüfverfahren ist in [4] das Plattenverfahren festgelegt. Würfel- und CDF-Verfahren sind Alternativprüfverfahren.

Als Prüfflüssigkeit wird bei allen Prüfverfahren stets eine 3 %ige Natriumchlorid-Lösung eingesetzt. Neue Untersuchungen [13] zeigten, dass eine NaCl-Konzentration von 0,1 % bereits einen starken Anstieg der Abwitterung gegenüber demineralisiertem Wasser als Prüfmedium bewirkt und mit einer 1 bis 3 %igen NaCl-Lösung das Maximum der Schädigung erreicht wird.

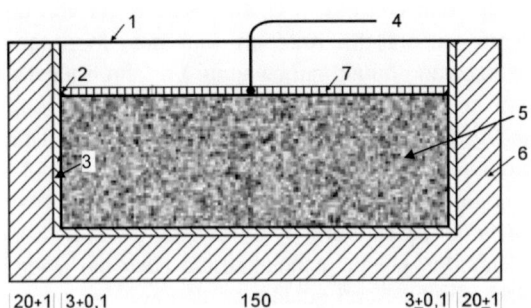

Abb. 1: Prüfanordnung für das Plattenverfahren [4]
1 PE-Folie, 2 Klebstoff, 3 Gummischicht,
4 Temperaturmessung, 5 Beton mit gesägter Prüffläche, 150 mm x 150 mm x 50 mm,
6 EPS-Dämmung, 7 Prüfflüssigkeit

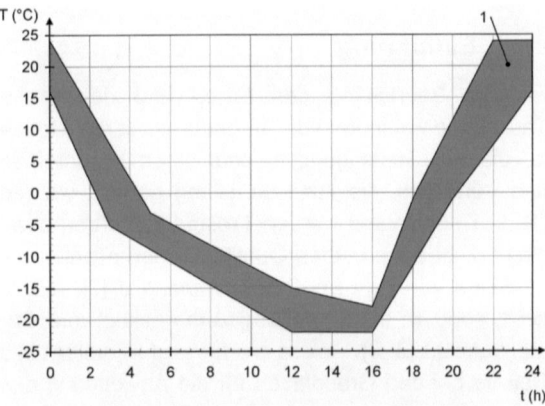

Abb. 2: Zeit (t)-Temperatur (T), Plattenverfahren [4]
1 Temperaturverlauf in der Prüfflüssigkeit in der Mitte der Prüfoberfläche

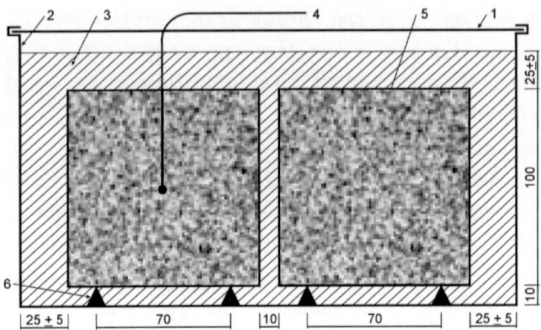

Abb. 3: Prüfanordnung für das Würfelverfahren [4]
1 Schiebedeckel, 2 Behälter,
3 Prüfflüssigkeit, 4 Temperaturmessung,
5 Betonwürfel: a = 100 mm, 6 Abstandhalter

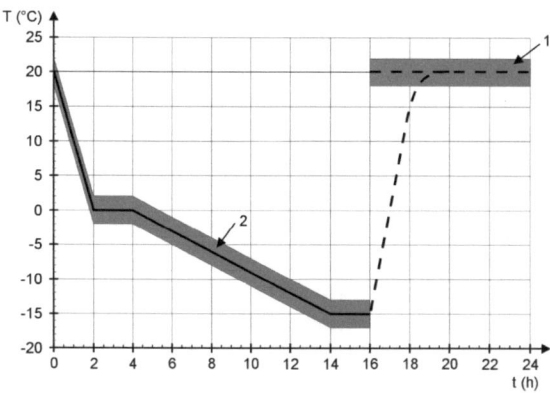

Abb. 4: Zeit (t)-Temperatur (T)-Verlauf, Würfelverfahren [4]
1 Wasserbad, 2 Mitte des Würfels

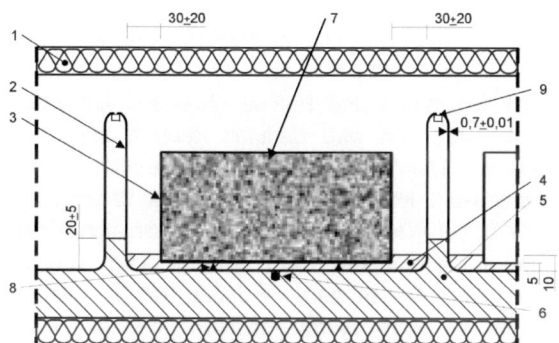

Abb. 5: Prüfanordnung für das CDF-, CF-, CIF-
Verfahren [4]
1 Deckel, 2 Behälter, 3 Abdichtung,
4 Prüfflüssigkeit, 5 Kühlflüssigkeit,
6 Temperaturmessung-Referenzpunkt,
7 Beton, Schalung der Prüffläche aus PTFE,
150 mm x 110…150 mm x 70 ± 2 mm,
8 Abstandhalter, 9 Auflager

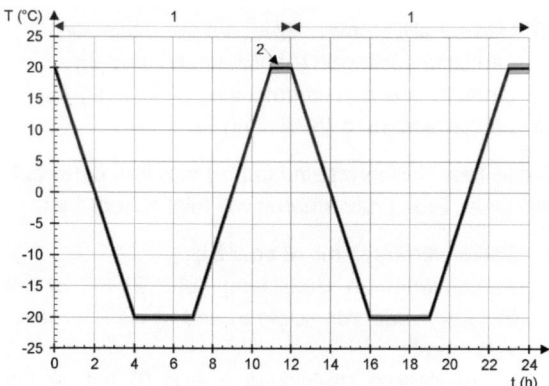

Abb. 6: Zeit (t)-Temperatur (T)-Verlauf,
CDF/CF/CIF -Verfahren [4]
1 Frost-Tau-Wechsel, 2 Temperatur am
Referenzpukt

Höhere Konzentrationen führen zu einer deutlichen Verringerung der Abwitterungen. Damit bestätigten sich frühere Untersuchungen [14], bei denen verschiedene Taumittel (NaCl, $CaCl_2$, Ethanol, Urea) verglichen wurden und das Maximum der Schädigung jeweils bei einer ca. 3 %igen-Lösung lag. Die NaCl-Lösung führte insgesamt zur stärksten Schädigung.

Bei einer Tausalzbeanspruchung ist die Bestimmung der Abwitterung der Betonoberfläche (Masseverlust) als das maßgebende Kriterium für die Bewertung anzusehen. Untersuchungen zur inneren Schädigung der Prüfkörper können ergänzende Informationen liefern. Entsprechende Methoden, die die Bestimmung der Abwitterungen ergänzen, sind in [10] für das Plattenverfahren und das CDF-Verfahren beschrieben. In Deutschland wird häufig die Messung der Ultraschalllaufzeit eingesetzt und auf deren Basis der relative dynamische Elastizitätsmodul (RDM) berechnet. Änderungen des RDM (Anstieg der Ultraschalllaufzeit) während der Frostprüfung deuten auf Gefügeveränderungen bzw. innere Schädigungsprozesse hin (vgl. dazu auch Abschnitt 2.4).

Abnahmekriterien bzw. Grenzwerte sind nicht Gegenstand von [4], sondern in Produktnormen und Richtlinien geregelt.

Für das Plattenverfahren, das z. B. bei der Bewertung des Frost-Tausalzwiderstandes von Pflastersteinen nach DIN EN 1338 [5] und für Rinnen in Verkehrsflächen nach DIN EN 1433 [6] angewendet wird, enthalten diese Normen entsprechende Festlegungen: Abwitterung der Prüfkörperserie nach jeweils 28 Zyklen in [5] ≤ 1,0 kg/m² (Einzelwerte ≤ 1,5 kg/m²) bzw. in [6] ≤ 1,5 kg/m² (Einzelwerte ≤ 2,0 kg/m²).

Das CDF-Verfahren fand Eingang in die ZTV-ING [8] und kann nach entsprechender Vereinbarung zur Überprüfung des Frost-Tausalzwiderstandes herangezogen werden. Als Abnahmekriterium ist in der ZTV-ING eine zulässige mittlere Abwitterung der Prüfkörperserie von ≤ 1500 g/m² nach 28 Zyklen angegeben. Auch das Merkblatt "Frostprüfung" der Bundesanstalt für Wasserbau [7] sieht die Beurteilung des Frost-Tausalzwiderstandes von Betonen mittels des CDF-Verfahrens vor, ergänzt durch Messungen der Ultraschalllaufzeit. Das Abnahmekriterium für die mittlere Abwitterung der Prüfkörperserie liegt hier ebenfalls bei ≤ 1500 g/m² nach 28 Zyklen (95 %-Quantil der Serie ≤ 1800 g/m²), wobei ein zusätzliches Kriterium für die innere Schädigung festgelegt ist. Fällt der relative dynamische Elastizitätsmodul in der Eignungsprüfung nach 28 Zyklen unter 75 % ab, so gilt der Beton als geschädigt.

Für das Würfelverfahren wird in [17] eine zulässige mittlere Abwitterung der Prüfkörperserie von ≤ 3 Masse-% nach 56 Frost-Tauwechseln als Beurteilungskriterium angegeben.

2.3 Frost-Tausalzwiderstand – XF2

Die Entwicklung eines Prüfverfahrens zur Simulation der Beanspruchung in der Expositionsklasse XF2 (mäßige Wassersättigung, mit Taumittel) nach DIN EN 206-1/DIN 1045-2 [2, 3] erfolgte im Rahmen eines Forschungsvorhabens, das im Jahr 2007 abgeschlossen wurde [13].

Den Arbeiten zur Entwicklung des Prüfverfahrens lagen die im Abschnitt 2.1 aufgeführten Anforderungen an ein Prüfverfahren zugrunde. Die Basis bildete das CDF-Verfahren, das in den nachfolgend aufgeführten Schritten modifiziert wurde. Das Ziel dieser Modifikationen war es, die Beanspruchung des Basisverfahrens so abzumindern, dass mit dem Prüfverfahren eine Frost-Tausalzbeanspruchung gemäß der Expositionsklasse XF2 abgebildet werden kann. Im Einzelnen wurden folgende Modifikationen des CDF-Verfahrens an insgesamt 18 Betonen untersucht:

- Verringerung des Feuchtegehalts durch Änderung der Nachbehandlungsmethode, wobei die Wasserlagerung im Anschluss an die Herstellung der Prüfkörper durch Verpacken in Folie ersetzt wurde;
- Verringerung der Feuchteaufnahme durch Verkürzung des Zeitraumes der kapillaren Flüssigkeitsaufnahme vor der Frostbeanspruchung von 7 Tagen auf einen Tag bzw. kompletter Verzicht auf die kapillare Flüssigkeitsaufnahme vor der Frostbeanspruchung mit dem Ergebnis, dass die Flüssigkeitsaufnahme in die Phase der Frostbeanspruchung verschoben wurde;
- Reduzierung der kapillaren Flüssigkeitsaufnahme während der Frostprüfung durch eine Unterbrechung der Lösungszufuhr (Wechsellagerung), d. h. die Prüfkörper lagerten während der Frostprüfung periodisch in Behältern ohne Prüflösung, wodurch eine zeitliche Verschiebung der Abwitterung um den Zeitraum der Unterbrechung und keine Unterbrechung des kapillaren Saugens und damit des Schädigungsmechanismus bewirkt wurde;
- Variation der NaCl-Konzentration der Prüflösung im Bereich von 0,1 % bis 18 %;
- Anhebung der Minimaltemperatur von -20 °C auf -10 °C.

Aus den umfangreichen Untersuchungen resultierte, dass das Ziel nur erreicht wird, wenn gegenüber dem Basisverfahren die Minimaltemperatur von -20 °C auf -10 °C angehoben und die Versuchsdauer auf 14 Zyklen (CDF: 28 Zyklen) verkürzt wird. Die Versuchsdurchführung des sogenannten "modifizierten CDF-Verfahrens (XF2)" blieb sonst unverändert (vgl. Abbildungen 5 und 6). Hinsichtlich der Bewertung wird zurzeit das vom CDF-Verfahren (XF4) bekannte Abnahmekriterium von 1500 g/m² diskutiert.

2.4 Frostwiderstand – XF3

Gegenüber der Prüfung des Frost-Tausalzwiderstandes wird bei der Prüfung des Frost-Widerstandes demineralisiertes Wasser als Prüfflüssigkeit verwendet. Die in den Abbildungen 1 bis 6 dargestellten Prüfanordnungen und die zugehörigen Temperaturverläufe bleiben gemäß Vornorm DIN CEN/TS 12390-9 [4] für das Plattenverfahren, das Würfelverfahren und das CF-Verfahren (CDF ohne D, da keine Taumittellösung verwendet wird) unverändert. Damit stehen drei Prüfverfahren zur Verfügung, mit denen die Abwitterung der Betonoberfläche (Masseverlust) infolge einer Frost-Taubeanspruchung bestimmt werden kann. Prüft man aber mit diesen Verfahren dieselben Betone statt in einer 3%igen NaCl-Lösung in demineralisiertem Wasser, so stellt man deutlich geringere Abwitterungen der Betonoberfläche (Masseverlust) fest. Eine Unterscheidung zwischen Betonen, in solche mit einem hohen bzw. ausreichenden Frost-Widerstand und Betone ohne ausreichenden Frost-Widerstand wird dadurch deutlich erschwert (geringe Trennschärfe). Bekannte Einflüsse der Betonzusammensetzung auf den Frost-Widerstand, wie z.B. der Wasserzementwert, spiegeln sich in den Abwitterungsmengen nicht zwangsläufig wieder. Ergänzende Messungen, mit denen Gefügeveränderungen im Prüfkörperquerschnitt feststellbar sind, verbessern hier die Aussagequalität. Dementsprechend wird bei der Bewertung des Frostwiderstandes von Betonen als primäres Kriterium die innere Schädigung herangezogen, das durch die ermittelten Abwitterungen ergänzt werden kann.

Im DIN Fachbericht CEN/TR 15177 [10] sind folgende Messverfahren beschrieben, die ein Maß für die innere Schädigung des Betons während der Frostprüfung liefern und zur Bewertung des Frostwiderstandes herangezogen werden können:

a) Ultraschallgeschwindigkeit auf der Basis von Laufzeitmessungen (Abbildungen 7 und 9);
b) Grundfrequenz in Querrichtung (Abbildung 7);
c) Längenänderung (Abbildung 8).

Diese Messverfahren sind in [10] den drei darin aufgeführten Frostprüfverfahren wie folgt zugeordnet:

- Balkenverfahren mit a) oder b);
- Plattenverfahren (Abbildung 1und 2) mit c) als Referenzverfahren sowie a) und b) als Alternativverfahren;
- CIF-Verfahren (Abbildung 5 und 6) mit a) als Referenzverfahren sowie b) und c) als Alternativverfahren.

Erläuterung der Abkürzung CIF: C = capillary suction, I = internal damage, F = freeze-thaw-test (Hinweis: Das CIF-Verfahren kann mit demineralisiertem Wasser oder 3%iger NaCl-Lösung ausgeführt werden, vgl. Abschitt 2.2)

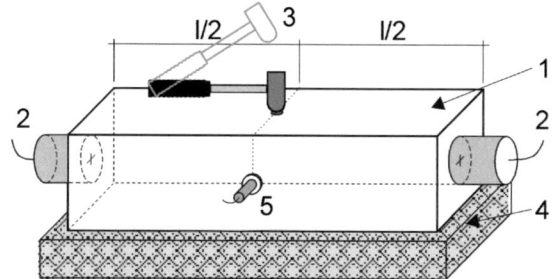

Abb. 7: Prüfanordnung für die Bestimmung der Ultraschalllaufzeit und der Grundfrequenz in Querrichtung beim Balkenverfahren [10]
1 Prüfkörper, 2 Messwertgeber für Ultraschallimpulse, 3 modal gestimmter Schlaghammer, 4 Auflager (Gummiplatte),
5 Beschleunigungsmesser

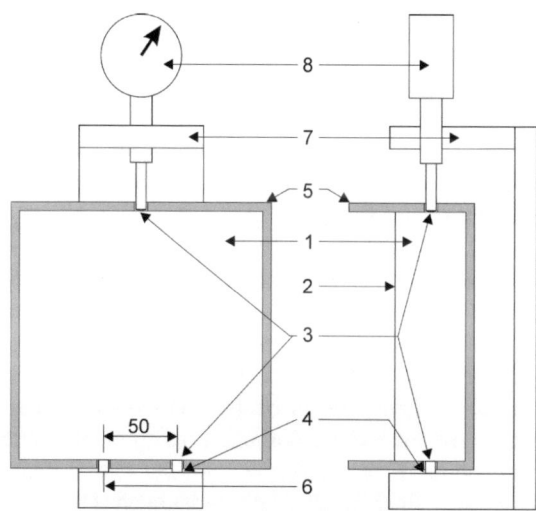

Abb. 8: Prüfanordnung für die Bestimmung der Längenänderung beim Plattenverfahren mit dem Drei-Punkt-Messgerät [10]
1 Prüfkörper, 2 Prüffläche, 3 Markierungen, 4 Stifte, 5 Gummischicht, 6 Markierungen zur Ausrichtung, 7 Stahlrahmen, 8 Messuhr

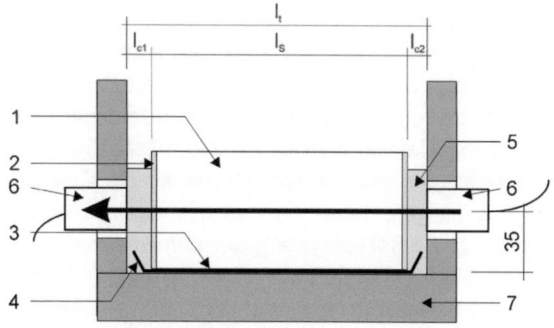

Abb. 9: Prüfanordnung für die Bestimmung der Ultraschalllaufzeit beim CIF-Verfahren [10]
1 Prüfkörper, 2 Abdichtung,
3 Prüfoberfläche, 4 Stahlplatte, 5 Kopplungsmittel (Wasser), 6 Messwertgeber,
7 Messbehälter (Plexiglas)

Messungen hinsichtlich der inneren Schädigung der Prüfkörper erfolgen ebenso wie auch die ergänzenden Bestimmungen der Abwitterungen nach jeweils 4 bis 6 Frost-Tauwechseln.

Abnahmekriterien bzw. Grenzwerte sind nicht in [10] enthalten, sondern finden sich in RILEM Empfehlungen [11, 12] und im Merkblatt "Frostprüfung" der Bundesanstalt für Wasserbau [7].

Bei einer Prüfung mittels des Plattenverfahrens ist der Beton als geschädigt anzusehen, wenn die Längenänderung über 0,1 % ansteigt [12].

Von einer Schädigung des Betons im CIF-Verfahren ist nach [11] auszugehen, wenn der relative dynamische Elastizitätsmodul (RDM) unter 80 % abfällt.

Die Anzahl der Frost-Tauwechsel, die bis zu diesen Grenzwerten bei der Prüfung mit dem Plattenverfahren oder dem CIF-Verfahren mindestens erreicht werden müssen, sind in [11, 12] nicht vorgegeben, sondern sind in Abhängigkeit von der Beanspruchung festzulegen.

Für das Balkenverfahren wird als Beurteilungskriterium ein sogenannter zulässiger Qualitätsabfall von 12 % angegeben, der aus Messungen der Ultraschalllaufzeit bzw. der Resonanzfrequenz (Grundfrequenz in Querrichtung) bestimmt wird [17].

Im Merkblatt "Frostprüfung" [7] ist als Abnahmekriterium für das CIF-Verfahren festgelegt, dass der Beton in der Eignungsprüfung geschädigt gilt, wenn der RDM nach 28 Frost-Tauwechseln unter 75 % abfällt. Ein zusätzliches Abnahmekriterium stellt die Abwitterung der Prüfkörper dar, die im Mittel der Prüfkörperserie 1000 g/m² nach 28 Frost-Tauwechseln nicht überschreiten darf (95 %-Quantil der Serie ≤ 1750 g/m²).

Bei der Anwendung des Würfelverfahrens [4] empfiehlt Siebel [9, 17] als Beurteilungskriterium nach 100 Frost-Tauwechseln eine zulässige mittlere Abwitterung der Prüfkörperserie von ≤ 5 Masse-%.

2.5 Bewertung der Prüfverfahren

Grundlage der Bewertung sind die im Abschnitt 2.1 aufgeführten generellen Anforderungen, die an ein Frostprüfverfahren zu stellen sind. An oberster Stelle steht dabei, dass die physikalischen Schadensursachen im Prüfverfahren richtig abgebildet werden.

In der Regel wirkt ein Frost- oder Frost-Tausalzangriff nur auf die der Witterung ausgesetzte Fläche eines Betonbauwerks ein. Dementsprechend ist diese Beanspruchung auf einen einachsigen Wärme-, Feuchte- und ggf. Taumitteltransport nur über die Beanspruchungsfläche zurückzuführen. Somit muss auch an einem Prüfkörper bei der Frostprüfung im Labor der einachsige und gleichzeitige Wärme- und Flüssigkeitstransport entsprechend den Praxisbedingungen sichergestellt sein. Inwieweit die im Abschnitt 2.2 bis 2.4 behandelten Frostprüfverfahren diese Anforderung erfüllen, wird in [1] umfassend diskutiert. Diese Erkenntnisse sind wie folgt zusammenzufassen:

- Der Prüfkörper für das Plattenverfahren (vgl. Abbildung 1) wird außer auf der Beanspruchungsseite gedämmt (20 mm EPS) und abgedichtet (Kunststoff), um den einachsigen Wärme- und Flüssigkeitstransport zu erreichen. Die Prüfflüssigkeit wird durch eine PE-Folie vor dem Verdunsten geschützt, mit der Folge, dass die eingeschlossene Luftschicht als Dämmung wirkt. Dadurch kann der Prüfkörper auch vom Boden bzw. von der Rückseite gefrieren. Folglich ist der einachsige Wärmetransport nicht gewährleistet.

- Im Würfelverfahren (vgl. Abbildung 3) befindet sich der Prüfkörper ohne Dämmung oder Abdichtung in der Prüfflüssigkeit, sodass der Wärme- und der Flüssigkeitstransport allseitig möglich ist (mehrachsige Transportvorgänge). Damit ist ein ungleichmäßiges Gefrieren, insbesondere bei der Prüfung mit Taumittellösung, nicht auszuschließen und der Flüssigkeitstransport in der Auftauphase nur bedingt möglich.

- Die Prüfanordnung des CDF-, CF- und CIF-Verfahrens (vgl. Abbildung 5) stellt den einachsigen Wärme- und Feuchtetransport nur über die Beanspruchungsfläche uneingeschränkt sicher. Dies belegen Untersuchungen, die zeigten, dass während der Dauer eines Frost-Tauwechsels (12 Stunden) bei der vorgegebenen Höhe des Prüfkörpers von 70 ± 2 mm sowohl das Temperaturprofil als auch der Wärmefluss der Praxis entsprechen.

Zusammenfassend ist festzustellen, dass insbesondere die physikalischen Schadensursachen, d.h. der einachsige Wärme- und Flüssigkeitstransport in der Praxis, nur im CDF-, CF und CIF-Verfahren richtig abgebildet werden. Weiterhin ist mit diesen Verfahren eine Unterscheidung zwischen Betonen, die einen hohen bzw. ausreichenden Frost- oder Frost-Tausalzwiderstand aufweisen, und Betonen ohne ausreichenden Frost- oder Frost-Tausalzwiderstand reproduzierbar und mit hoher Genauigkeit möglich. Dies zeigen die Präzisionsdaten in [4, 11, 12] im Vergleich des CDF- und CIF-Verfahrens mit dem Platten- und dem Würfelverfahren (Wiederhol- und Vergleichspräzision nach ISO 5725). Dementsprechend wurden für die Untersuchungen zur Übertragbarkeit der Prüfergebnisse aus Frostprüfungen im Labor auf Praxisverhältnisse, über die im Abschnitt 3 berichtet wird, ausschließlich das CDF- und das CIF-Verfahren herangezogen.

3 Übertragbarkeit von Frost-Laborprüfungen auf Praxisverhältnisse

3.1 Vorbemerkungen

Die Arbeiten wurden im Jahr 2000 vom DAfStb-Unterausschuss "Frost" unter der Obmannschaft von Herrn Prof. Reinhardt, Stuttgart, initiiert, indem eine Arbeitsgruppe "Übertragbarkeit von Frost-Laborprüfungen auf Praxisverhältnisse" gegründet wurde. Im Zeitraum von 2000 bis 2008 fanden insgesamt 16 Sitzungen dieser Arbeitsgruppe statt, in denen sowohl die bisher vorliegenden Erkenntnisse gesammelt und in einem Sachstandbericht [1] zusammengefasst als auch die Ergebnisse zahlreicher Forschungsvorhaben an der RWTH Aachen (Prof. Brameshuber), der Universität Leipzig (Prof. König/Dehn), der Universität Hannover (Prof. Lohaus), der Universität Stuttgart (Prof. Reinhardt), der TU München (Prof. Schießl), der Universität Duisburg-Essen (Prof. Setzer), der Bauhaus-Universität Weimar (Prof. Stark) und der Universität Karlsruhe (Prof. Müller) beraten wurden. Die inhaltliche Gliederung dieses Verbundforschungsvorhabens zeigt Tabelle 1.

Im Mittelpunkt stand die Frage, ob sich anhand der gewonnenen Ergebnisse Aussagen zum tatsächlichen Frost- oder Frost-Tausalzwiderstand der untersuchten Betone in der Praxis ableiten lassen und inwieweit eine Übereinstimmung mit den Ergebnissen von Laborprüfungen besteht. Die bei der Bearbeitung der Forschungsvorhaben bis zum Jahr 2005 gewonnenen Erkenntnisse wurden auf einem Kolloquium der Fachöffentlichkeit präsentiert [15]. Der Abschlussbericht soll im Jahr 2009 vom Autor fertiggestellt werden.

In den Teilprojekten 1 und 2 wurden Prüfkörper im Labor hergestellt und deren Verhalten bei Frost- und Frost-Tausalzbeanspruchung mit dem CIF- bzw. dem CDF-Verfahren untersucht. Parallel dazu wurden Prüfkörper im Freien über mehrere Jahre ausgelagert und periodisch kontrolliert. Dabei wurden insgesamt 45 verschiedene Betonzusammensetzungen verwendet, wobei die Zusammensetzungen der Betone sowohl die jeweiligen Anforderungen der Expositionsklassen der DIN EN 206-1/DIN 1045-2 [2, 3] erfüllten als auch außerhalb der für die Expositionsklassen geforderten Grenzwerte lagen. Entsprechend der Charakterisierung der Expositionsklassen in der Norm erfolgten die Auslagerungen für die Expositionsklassen XF1 und XF2 mit senkrechter Prüffläche und für die Expositionsklassen XF3 und XF4 in der Regel mit waagerechter Prüffläche. An den Auslagerungsorten wurden die Klimabedingungen erfasst und der Zustand der Betonprobekörper dokumentiert.

Gegenstand des Teilprojekts 3 war die Entwicklung eines Prüfverfahrens zur Simulation der Beanspruchung entsprechend der Expositionsklasse XF2 (vgl. Abschnitt 2.3).

Im Teilprojekt 4 wurden Bauwerke (Kläranlagen, Brücken, Schleusen, Tunnel, Kaimauer, Autobahn) untersucht und über mehrere Jahre messtechnisch überwacht, um den Zustand der Bauwerke zu verfolgen, Eigenschaften sowie Strukturkenndaten der Betone zu ermitteln und Daten zu gewinnen, die Auskunft über die tatsächlichen Beanspruchungen der Bauwerke in der Frostperiode geben.

Tab. 1: Übersicht über die in der DAfStb-Arbeitsgruppe "Übertragbarkeit von Frost-Laborprüfungen auf Praxisverhältnisse" bearbeiteten Teilprojekte

Teilprojekt 1	Teilprojekt 2
Frostwiderstand	Frost-Tausalzwiderstand
- Herstellung von Prüfkörpern - Prüfung des Frostwiderstandes im Labor, (CIF-Verfahren) - Auslagerung von Prüfkörpern - Messung der Ultraschalllaufzeit, des Feuchtegehalts und der Temperatur während der Auslagerung - Prüfung, Dokumentation und Beurteilung des Zustandes der ausgelagerten Prüfkörper	- Herstellung von Prüfkörpern - Prüfung des Frost-Tausalzwiderstandes im Labor (CDF-Verfahren) - Auslagerung von Prüfkörpern - Messung der Ultraschalllaufzeit, der Chloridkonzentration, des Feuchtegehalts und der Temperatur während der Auslagerung - Prüfung, Dokumentation und Beurteilung des Zustandes der ausgelagerten Prüfkörper
Teilprojekt 3	**Teilprojekt 4**
Entwicklung von Prüfverfahren	Bauwerksuntersuchungen
- Modifikation des CDF-Verfahrens unter Berücksichtigung von: Feuchtehaushalt, Prüfalter, Temperaturprofil, Konzentration der Prüflösung	- visuelle Beurteilung des Bauwerkszustandes - Messungen am Bauwerk - Chloridkonzentration, Feuchtegehalt, Temperatur - Bohrkernentnahme zur Bestimmung der Carbonatisierungstiefe, Rohdichte, Druckfestigkeit, Wasseraufnahme, Porenstruktur, Luftporenkennwerte und für Frost- und/oder Frost-Tausalzprüfungen (CIF-, CDF-Verfahren)

3.2 Temperaturbeanspruchung

Untersuchungen hinsichtlich der Temperaturbeanspruchung in der Praxis ergaben, dass die Temperaturspanne der betrachteten Prüfverfahren, die von -20 °C bis +20 °C ($\Delta T = 40$ K) reicht, gegenüber extremen Praxisbedingungen etwa doppelt so hoch ist. An den Frosttagen ($T_{min} < 0$ °C, $T_{max} > 0$ °C) des Beobachtungszeitraums von 1999 bis 2006 trat in der Praxis eine Temperaturspanne von maximal 20 K auf (Häufigkeit < 5 %). Überwiegend lag sie im Bereich zwischen -5 °C und +5 °C. An Eistagen ($T_{max} < 0$ °C) sank die Temperatur z. T. unter -20 °C ab.

Die Abkühl- und Auftaurate der Prüfverfahren beträgt 10 K/h. Dieser Wert kann in der Praxis insbesondere an Wasserbauwerken überschritten werden. Beobachtet wurden hier Abkühlraten bis zu 12 K/h und Auftauraten bis zu 15 K/h. Zu beachten ist, dass diese Extremwerte sehr selten (< 1 %) auftreten und die häufigsten Raten etwa eine Größenordnung niedriger liegen (1 bis 3 K/h).

3.3 Feuchtezustand

Neben der Temperaturbeanspruchung muss insbesondere der Feuchtezustand betrachtet werden, den die Prüfkörper während der Laborprüfung erreichen. Hierbei steht die Frage im Vordergrund, ob dieser Feuchtezustand bzw. der Sättigungsgrad der Randzone des Prüfkörpers den Verhältnissen der zu bewertenden Bauwerksoberfläche im Winter entspricht.

Überwiegend unterliegen Betonflächen von Bauwerken (Brücken, Tunnel, Verkehrsflächen, Wände von Wasserbauwerken oberhalb der Wasserwechselzone) aber Schwankungen im Feuchtegehalt, die dadurch geprägt sind, dass auf eine hohe Wassersättigung stets eine Trocknungsperiode folgt. Messungen an Bauwerken ergaben, dass in der Regel der Feuchtegehalt in der Bauteilrandzone nicht über den Wert ansteigt, der sich bei einer Bestimmung der kapillaren Wasseraufnahme von Betonproben im Labor bei 20 °C einstellt, d. h. der auch während des 7-tägigen kapillaren Saugens vor dem Beginn der Frostbeanspruchung mit dem CIF- und CDF-Verfahren erreicht wird.

Die jahreszeitliche Veränderung des Sättigungsgrades im Randbereich in einer Tiefe von 7 mm unterhalb der Oberfläche zeigt die Abbildung 10 schematisch für frostbeanspruchte Bauteile in den vier Expositionsklassen nach DIN EN 206-1/DIN 1045-2. Daraus ist zu erkennen, dass jahreszeitliche Schwankungen in den Expositionsklassen XF1 und XF2 wesentlich stärker ausgeprägt sind als in den Expositionsklassen XF3 und XF4. Hohe Sättigungsgrade treten in den Expositionsklassen XF1 und XF2 als seltene Spitzenwerte auf, an die sich in der Regel eine Trocknungsphase anschließt. In der tieferen Randzone von 8 bis 30 mm schwächt sich der jahreszeitliche Witterungseinfluss auf den Feuchtegehalt bereits deutlich ab (vgl. Abbildung 11) und ist ab einer Tiefe von ca. 30 mm unterhalb der Oberfläche kaum noch nachweisbar. In der Regel wurde in den Expositionsklassen XF1 und XF2 ab einer Tiefe von ca. 30 mm ein weitgehend gleichmäßiger Feuchtegehalt gemessen, der deutlich geringer ist als unter den Bedingungen der Expositionsklassen XF3 oder XF4.

Bei Bauteilen mit ständigem oder periodischem Wasserkontakt, z. B. Schleusen und Klärbecken, war der Sättigungsgrad des Randbereichs (Tiefe von 7 mm) im Bereich der Wasserwechselzone weitgehend konstant und entsprach zumeist dem Wert, der bei der Bestimmung der Wasseraufnahme des jeweiligen Betons im Laborversuch unter Atmosphärendruck ermittelt wurde (vgl. XF3 und XF4 in Abbildung 10). In der Randzone von 8 bis 30 mm ändert sich der Feuchtegehalt kaum und unterliegt praktisch keiner Schwankung (vgl. Abbildung 11).

Massebestimmungen während der Laborprüfungen zeigen stets, dass die Wasseraufnahme der Prüfkörper nach dem 7-tägigen kapillaren Saugen bei 20 °C (Vorlagerung vor der Frostprüfung) nicht beendet ist, sondern sich während der Frostbeanspruchung kontinuierlich fortsetzt. Die Feuchtezunahme während der Frostbeanspruchung kann dabei nach 28 Zyklen im CIF-/CDF-Verfahren Werte erreichen, die dem Betrag nach der Vorlagerung entsprechen oder diesen übersteigen. Die Ursache für dieses Transportphänomen kann mit dem Modell der Mikroeislinsenpumpe nach Setzer beschrieben werden [1]. Ein ausgeprägter Anstieg des Feuchtegehalts ist dabei in der Randzone zu beobachten, wie in Abbildung 12, basierend auf Messungen von Kasparek [16], dargestellt ist. Das dafür erforderliche permanente Feuchteangebot, das den Prüfbedingungen vergleichbar wäre, ist praktisch nur bei Bauwerken vorzufinden, bei denen der auftauende Beton in ständigem Kontakt mit Taumittellösung oder Wasser stehen kann, z. B. bei Wasserbauwerken im Bereich der Wasserwechselzone.

Im Hinblick auf die Definition der Feuchtegehalte für die Expositionsklassen in der DIN EN 206-1/DIN 1045-2, wonach in den Expositionsklassen XF1 und XF2 von einer "mäßigen Wassersättigung" und in den Expositionsklassen XF3 und XF4 von einer "hohen Wassersättigung" auszugehen ist, kann aus den Untersuchungen abgeleitet werden, dass damit nur der insgesamt geringere Feuchtegehalt von Bauwerken in den Expositionsklassen XF1 und XF2 im Vergleich mit Bauwerken in den Expositionsklassen XF3 und XF4 charakterisiert wird. Der Feuchtegehalt der Betonrandzone unterliegt ausgeprägten Schwankungen und kann in sämtlichen Expositionsklassen den Wert erreichen, der im Laborversuch bei der kapillaren Wasseraufnahme unter Atmosphärendruck ermittelt wird.

Bei der Beurteilung der Frostbeanspruchung von Bauwerken sollte folglich davon ausgegangen werden, dass sich weitgehend unabhängig von der Expositionsklasse in der Randzone ein hoher Sättigungsgrad einstellen kann. Die Häufigkeit ist allerdings witterungs- und nutzungsabhängig. Dementsprechend wird eine hohe Sättigung in den Expositionsklassen XF1 und XF2, wenn überhaupt, extrem selten und im Gegensatz zu XF3 und XF4 auch nur im unmittelbaren Randbereich auftreten. Folglich wird die Nutzungsdauer einer gegebenen Betonzusammensetzung unter den Bedingungen der Expositionsklassen XF1 oder XF2 deutlich länger sein als unter den Bedingungen der Expositionsklassen XF3 oder XF4.

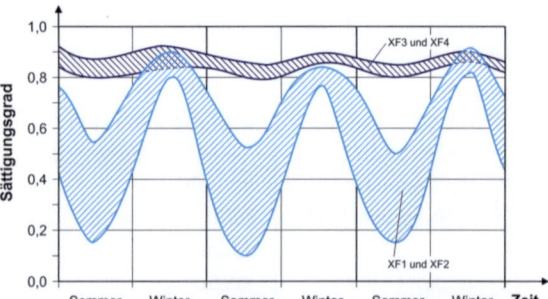

Abb. 10: Schematischer Verlauf der jahreszeitlichen Schwankungen des Sättigungsgrades (Feuchtegehalts) von untersuchten Betonbauteilen in einer Messtiefe von 7 mm

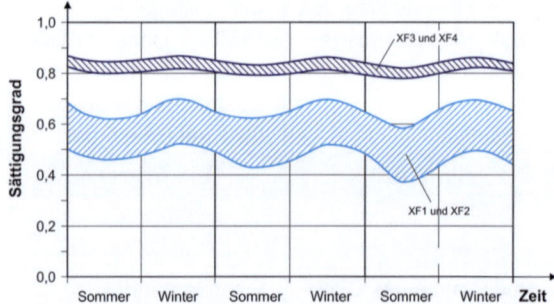

Abb. 11: Schematischer Verlauf der jahreszeitlichen Schwankungen des Sättigungsgrades von untersuchten Betonbauteilen in einer Messtiefe ab 8 mm bis 30 mm

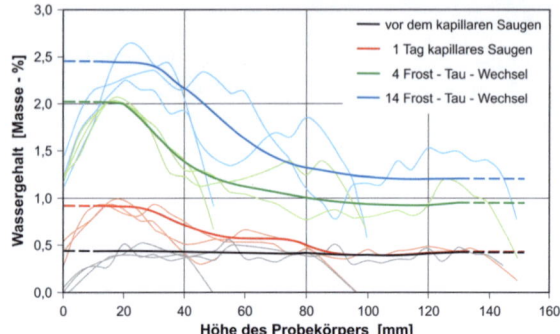

Abb. 12: Entwicklung des Wassergehalts im CIF-Verfahren nach Kasparek [16]

3.4 Taumitteleinwirkung

An Proben und Bauwerken, die sich im Einwirkungsbereich von Streusalzen oder Meerwasser befanden, wurde der Chloridgehalt bestimmt. Innerhalb der jeweiligen Auslagerungs- bzw. Beobachtungszeit von bis zu 5 Jahren erreichte der Chloridgehalt in der Randzone der Betone (bis 10 mm unter der Oberfläche) folgende Werte: Tunnelwände bis 1,5 %, Kaimauer bis 1,3 %, Fahrbahndecke bis 1,0 %, Proben im Mittel- bzw. Randstreifen von Autobahnen bis 0,8 % sowie bei Brücken im Pfeiler, dem Überbau und einer Kappe bis 0,3 %, jeweils bezogen auf die Zementmasse der Betone.

Dieses Ergebnis entsprach der erwarteten Intensität der Chlorideinwirkung auf die Bauwerke und bestätigte, dass diese Beanspruchung ein unverzichtbares Kriterium bei der Prüfung des Frostwiderstandes von Betonen ist, die für entsprechende Bauwerke eingesetzt werden.

Inwieweit damit auch die Wirkung von chloridfreien Taumitteln abgedeckt ist, welche in Form von Produkten auf der Basis von Salzen organischer Säuren sowie ein- und mehrwertigen Alkoholen, z. B. auf Flugplätzen, zur Anwendung kommen, wurde im Rahmen des Verbundforschungsvorhabens nicht untersucht.

3.5 Laborprüfung des Frost-Tausalzwiderstandes mit dem CDF-Verfahren vs. Auslagerung

Das CDF-Verfahren soll den Schädigungsprozess in der Expositionsklasse XF4 und das entwickelte "modifizierte CDF-Verfahren (XF2)" den Schädigungsprozess in Umgebungsbedingungen der Expositionsklasse XF2 nach DIN EN 206-1/DIN 1045-2 abbilden. In die Untersuchungen einbezogen waren Betone mit normgerechter Zusammensetzung für XF4 und XF2, die unter den Bedingungen der entsprechenden Expositionsklasse ausgelagert wurden: horizontale Prüffläche für XF4 und senkrechte Prüffläche für XF2. Daneben lagerten Betone mit Zusammensetzungen nach XF2 auch mit horizontaler Prüffläche, d. h. auch unter schärferen Umgebungsbedingungen (XF4) als in der Norm für diese Zusammensetzungen vorgesehen. Weiterhin waren auch Betone mit Zusammensetzungen außerhalb der Normvorgaben für diese Expositionsklassen in die Untersuchungen integriert.

Betone mit einer Zusammensetzung entsprechend den Anforderungen für die Expositionsklasse XF4 erfüllten in den Laborprüfungen durchgängig das auf den Masseverlust bezogene Abnahmekriterium (≤ 1500 g/m²). Während der Auslagerungen von Probekörpern an Autobahnen (horizontale Prüffläche) zeigten sich an diesen LP-Betonen teilweise Abplatzungen in unterschiedlicher Ausprägung, die

stets über größeren Gesteinskörnern auftraten (Abwitterungen bis maximal 400 g/m²).

Entsprechend den Anforderungen für die Expositionsklasse XF2 können Betonzusammensetzungen mit und ohne Luftporenbildner (LP) eingesetzt werden. Betone mit Luftporenbildner (bis w/z = 0,55) erfüllten in den Laborprüfungen das auf den Masseverlust bezogene Abnahmekriterium (≤ 1500 g/m²). Deutlich erhöhte Abwitterungen (> 1500 g/m²) wiesen die Betone ohne Luftporenbildner auf. Während der Auslagerungen mit senkrechter Prüffläche (XF2) in Mittelstreifen von Autobahnen traten keine signifikanten Unterschiede auf. Weder Betone mit Luftporenbildner noch Betone ohne Luftporenbildner wiesen Schädigungen auf. Vergleichende Untersuchungen deuten daraufhin, dass für diese Betone mit dem "modifizierten CDF-Verfahren (XF2)" eine zutreffendere Aussage möglich sein dürfte als mit dem CDF-Verfahren.

Als Einflussfaktoren auf das Prüfergebnis der Laborprüfung zeigten sich neben den betontechnologischen Parametern Wasserzementwert und Zugabe eines Luftporenbildners insbesondere die Art und die Herkunft des Zementes sowie die Lagerungsdauer der Prüfkörper vor der Prüfung und damit die Carbonatisierungstiefe. Mit zunehmender Lagerungsdauer der Laborproben stieg die Abwitterungsmenge an. Dieser Effekt war bei Betonen aus CEM III stärker ausgeprägt als bei Betonen aus CEM I. Einen weiteren Einflussfaktor verdeutlichten Untersuchungen an Bohrkernen aus geschalten wandartigen Konstruktionen mit Betonen außerhalb der Anforderungen an die Zusammensetzung der DIN EN 206-1/DIN 1045-2 (ohne LP). Bei sonst korrekter Herstellung stieg mit zunehmender Höhe im Betonierabschnitt der Masseverlust in der Laborprüfung deutlich an.

In den Auslagerungen beeinflusste lediglich die Zementart das Verhalten der Betone, die nicht den Anforderungen an den Wasserzementwert bzw. die Zusammensetzung nach DIN EN 206-1/DIN 1045-2 genügten. Beobachtet wurde in der Expositionsklasse XF2 eine Zunahme der Schädigungen bei Betonen aus CEM II/A-LL 32,5 R und CEM III/A 32,5 gegenüber Betonen aus CEM I 32,5 R. Weder die Carbonatisierung noch das Betonalter traten als Einflussfaktoren hervor. Eine Zunahme der Schädigungen mit steigendem Alter (progressiver Schädigungsverlauf) wurde an den ausgelagerten Proben und an den Bauwerken nicht festgestellt. Die Ergebnisse deuten eher auf das Gegenteil hin, eine mit steigendem Alter abnehmende Schädigung (degressiver Schädigungsverlauf) infolge der fortschreitenden Hydratation des Zements.

Insgesamt kann festgestellt werden, dass Betone, deren Zusammensetzung nicht für die jeweilige Expositionsklasse nach DIN EN 206-1/DIN 1045-2 konzipiert war, Schädigungen während der Auslagerung aufwiesen. Einige dieser Betone mit Zusammensetzungen außerhalb der Normvorgaben zeigten aber auch eine ausreichende Dauerhaftigkeit über den Zeitraum der Auslagerung. Alle Betone, die entsprechend ihrer Expositionsklasse nach Norm zusammengesetzt waren, wiesen während der Auslagerung keine Schädigungen auf, die die Standsicherheit beeinträchtigen.

3.6 Laborprüfung des Frostwiderstandes mit dem CIF-Verfahren vs. Auslagerung

Um die Anforderungen für die Expositionsklasse XF3 der DIN EN 206-1/DIN 1045-2 zu erfüllen, können Betonzusammensetzungen mit Luftporenbildner (LP) bis zu einem Wasserzementwert von 0,55 und Betone ohne Luftporenbildner bis zu einem Wasserzementwert von 0,50 eingesetzt werden. Betone mit Luftporenbildner entsprechend der Vorgaben der Norm erfüllten stets die im Abschnitt 2.4 dargestellten Abnahmekriterien [7, 11]. Dagegen erreichten von insgesamt sieben normgerecht zusammengesetzten Betonen ohne Luftporenbildner nur fünf Betone diese Anforderungen, d. h. der relative dynamische E-Modul sank bei den zwei Betonen bereits bei weniger als 28 Zyklen unter 75 % ab, während die Abwitterungen 1000 g/m² nicht überschritten.

An den ausgelagerten Betonen ohne LP, die die Anforderungen des CIF-Verfahrens bestanden hatten, traten keine Abwitterungen an horizontalen Prüfflächen (XF3) auf. Ein LP-Beton, hergestellt mit einem CEM III/A 32,5 N, zeigte unter denselben Bedingungen Abplatzungen über größeren Gesteinskörnern.

Aber auch Betone ohne LP, die die Abnahmekriterien des CIF-Verfahrens nicht erreichten, zeigten bisher keine Anzeichen einer Schädigung (vertikale Prüffläche in der Wasserwechselzone einer Schleuse und im Nachklärbecken einer Kläranlage).

Messungen zur Veränderung des relativen dynamischen E-Moduls (RDM) während der Auslagerung ergaben bei sämtlichen Proben einen Anstieg und damit keinen Hinweis auf eine innere Schädigung.

Betone mit Zusammensetzungen außerhalb der Anforderungen für die Expositionsklasse XF3, d. h. ohne Luftporenbildner hergestellte Betone mit Wasserzementwerten von 0,60, 0,65 und 0,80, wurden ebenfalls im CIF-Verfahren untersucht. Dabei erreichten von sechs Betonen mit einem Wasserzementwert von 0,60 (Betone für die Expositionsklasse XF1) noch fünf das Abnahmekriterium, d. h. der RDM lag nach 28 Zyklen über 80 %. Die Abwitterungen überschritten zum Teil 1000 g/m².

Während der Auslagerung traten weder an den Prüfkörpern, die mit senkrechter Prüffläche aufgestellt wurden (XF1), noch an den Bauwerken Abplatzungen oder Abwitterungen auf.

Von drei untersuchten Betonen mit einem Wasserzementwert von 0,65 erreichte ein Beton (CEM III/A 32,5 N) mit einem RDM nach 28 Zyklen von über 80 % das Abnahmekriterium. Die drei untersuchten Betone mit einem Wasserzementwert von 0,80 unterschritten das Abnahmekriterium, d. h. nach 28 Frost-Tauwechseln lag der RDM unter 75 %. Während der Auslagerungen dieser Betone mit horizontaler (w/z = 0,65) und vertikaler Prüffläche (w/z = 0,80) über einen Zeitraum von vier Wintern ergaben sich keine Anzeichen dafür, dass diese Betone ein grundsätzlich anderes Abwitterungs- bzw. Schädigungsverhalten aufweisen, als Betone mit Wasserzementwerten von 0,50 und 0,60 (jeweils ohne LP) sowie die LP-Betone mit w/z = 0,55 unter denselben Bedingungen.

Als ein Grund für die zum Teil widersprüchlichen Ergebnisse in der Laborprüfung und den Auslagerungen ist der unterschiedliche Hydratationsgrad zum Zeitpunkt der Frostbeanspruchung anzusehen. Gegenüber der Frostbeanspruchung im Labor (nach 28-tägiger Lagerung und anschließendem kapillaren Saugen über 7 Tage) trat die erste Frostbeanspruchung an den ausgelagerten Proben in der Praxis im Alter von mehreren Monaten und damit nach einem längeren Zeitraum mit günstigen Randbedingungen für die Hydratation (frei bewittert bzw. sogar temporäre Wasserbeaufschlagung) auf.

3.7 Vorschlag zur Prognose der Abwitterung

Eine Frostschädigung in der Praxis ist kein kontinuierlicher Prozess während der Winterperiode, sondern resultiert als Summe aus einzelnen extremen Ereignissen, bei denen bestimmte Bedingungen hinsichtlich der Temperatur und des Feuchtegehaltes der Betonrandzone gleichzeitig gegeben sein müssen. Tiefe Temperaturen und ein hoher Sättigungsgrad (vgl. Abbildung 10) sind jeweils notwendige Kriterien, aber getrennt voneinander keine hinreichenden Kriterien für das Eintreten eines Schadens. Erst in der Kombination wird der Frostschaden möglich.

Beobachtungen an ausgelagerten Proben und an der Fahrbahndecke einer Autobahn deuten darauf hin, dass Schäden (Abplatzungen der Oberflächenschicht) insbesondere während einer Frost-Taubeanspruchung mit Temperaturen unter -5 °C entstanden.

Sind am Bauwerk die Voraussetzungen dafür gegeben, dass sich die Frost-Tauzyklen mit einer Minimaltemperatur unter -5 °C bei permanentem Wasserangebot vollziehen können (auftauender Beton in ständigem Kontakt mit Wasser oder Tausalzlösung), dürfte das Ergebnis der Laborprüfung mit 28 Zyklen (abgewitterte Betonmasse) auf eine mindestens 50-jährige Nutzungsdauer gemäß [2] übertragbar sein. Zur Absicherung dieser These besteht Beobachtungsbedarf für die in das Verbundforschungsvorhaben integrierten Bauwerke. Offen ist die Frage, inwieweit die in der Laborprüfung festgestellte Veränderung (Abnahme) des relativen dynamischen E-Moduls (CIF-Verfahren) auf die Praxis zu übertragen ist. Messungen an ausgelagerten Prüfkörpern ergaben in den Untersuchungen stets einen Anstieg dieses Parameters.

Zur Beurteilung des Verhaltens von Betonen in Bauwerken ohne ständigen Kontakt des auftauenden Betons mit Wasser bzw. Taumittel sollte eine solche Zyklenanzahl aus der Prüfung herangezogen werden, die am Bauwerk während einer Phase hoher Wassersättigung in Kombination mit einer ausgeprägten Frostbeanspruchung mit einer Minimaltemperatur unter -5 °C auftreten kann. Eine solche Kombination wird nachfolgend als "strenger" Winter bezeichnet. Auf der Grundlage der Untersuchungsergebnisse des Verbundforschungsvorhabens kann die Häufigkeit der Tage, an denen solche Bedingungen in einem Winter auftreten können, grob abgeschätzt werden. Sie liegt im Bereich von 2 % bis 16 % der Frosttage (T_{min} < 0 °C, T_{max} > 0 °C), tendenziell aber näher am unteren Wert von 2 %.

Ausgehend von diesen Überlegungen wird ein Ansatz vorgeschlagen, mit dem eine zu erwartende Abwitterungsmenge in Abhängigkeit von den klimatischen Bedingungen am Bauwerksstandort prognostiziert werden kann. Um einen Winter im Hinblick auf diese Prognose als "strengen" Winter einzustufen, sollten an mindestens 2 Tagen Frost-Tauwechsel mit einer Minimaltemperatur unter -5 °C bei gleichzeitiger hoher Wassersättigung auftreten. Trifft dies auf jeden Winter der Nutzungsdauer zu, so beträgt die Häufigkeit "strenger" Winter 100 %. Werden dagegen an einem Bauwerk während der Nutzungsdauer regelmäßig nur 2 Tage mit einer Minimaltemperatur unter -5 °C bei gleichzeitiger hoher Wassersättigung in einer Periode von jeweils 5 Wintern beobachtet, so beträgt die Häufigkeit 20 % (1/5).

Die Prognose der zu erwartenden Abwitterungen ergibt sich als Summe aus dem Masseverlust in der Laborprüfung während der ersten zwei Frost-Tauzyklen (erster "strenger" Winter) und dem Masseverlust während des 5. und 6. Frost-Tauwechsels, der mit der Anzahl der restlichen zu erwartenden "strengen" Winter während der Nutzungsdauer multipliziert wird. Die ersten zwei Zyklen der Prüfung werden gewählt, da der Sättigungszustand in der Anfangsphase der Prüfung unmittelbar mit dem Zustand des Betons in der Praxis vergleichbar sein dürfte, der sich während eines "strengen" Winters einstellen kann. Mit dem Masseverlust während des 5. und 6. Frost-Tauwechsels soll ein ggf. nichtlinearer Abwitterungsverlauf berücksichtigt werden.

Eine rechnerische Abschätzung (Vorhersage) der Abwitterungsmengen kann dementsprechend nach folgender Gleichung (1) vorgenommen werden:

$$m = m_{1.+2.} + (t \cdot a - 1) \cdot m_{5.+6.} \qquad (1)$$

wobei die Bedingung $t \cdot a \geq 1$ erfüllt sein muss.

In der Gleichung (1) bedeuten:

m = Abwitterungsmenge in der Praxis [g/m²];
$m_{1.+2.}$ = Masseverlust während des 1. und 2. Frost-Tauwechsels [g/m²];
$m_{5.+6.}$ = Masseverlust während des 5. und 6. Frost-Tauwechsels [g/m²];
t = Nutzungsdauer [a];
a = Häufigkeit von "strengen" Wintern [-].

Mit diesem Ansatz könnten neben Bauteilen in der Expositionsklasse XF4 auch solche in der Expositionsklasse XF2 beurteilt werden. Bei den Bauwerksuntersuchungen zeigte sich, dass Betone in der Expositionsklasse XF2 einen hohen Sättigungsgrad erreichen können (vgl. Abbildung 10). Dieser Zustand tritt nur deutlich seltener auf als bei Umgebungsbedingungen entsprechend der Expositionsklasse XF4 und kann folglich mit der Häufigkeit von "strengen" Wintern in der Gleichung (1) berücksichtigt werden. Eine präzise Angabe dieser Häufigkeit ist noch nicht möglich, da sie von der Nutzung des jeweiligen Bauwerks und den lokalen klimatischen Bedingungen abhängig ist. Für Betone ohne ständigen Kontakt mit Wasser bzw. Taumittel in der Auftauphase ist zurzeit lediglich die dargestellte grobe Abschätzung möglich.

Bei Bauteilen mit ständigem Kontakt zwischen auftauendem Beton und Wasser bzw. Taumittel, ist demgegenüber von einer größeren Häufigkeit auszugehen, da insbesondere bei Wasserbauwerken auch betriebs- und/oder gezeitenabhängige Frost-Tauwechsel zu berücksichtigen sind. Dies führt zu der Empfehlung, hier das Ergebnis der Laborprüfung mit 28 Zyklen als Bewertungsmaß heranzuziehen.

In der Tabelle 2 sind Vorhersagen der Abwitterungsmengen auf der Basis der Gleichung (1), ausgehend von den Ergebnissen der Laborprüfungen, im Vergleich mit den Ergebnissen von Auslagerungen und der Bewertung eines Bauwerkes dargestellt. Die in der Tabelle 2 angegebenen Häufigkeiten der "strengen" Winter sind Abschätzungen auf der Basis der im Rahmen des Verbundforschungsvorhabens ermittelten Frostbeanspruchung der Betonrandzone (Messungen an Bauwerken und ausgelagerten Betonprüfkörpern), ausgehend von einer Häufigkeit der Frosttage mit Temperaturen unter -5 °C bei gleichzeitig hoher Wassersättigung von ca. 2 % der gesamten Frosttage (T_{min} < 0 °C, T_{max} > 0 °C).

Wird das Verhalten von Betonen unter Praxisbedingungen auf der Basis von Abwitterungen bei der Laborprüfung abgeschätzt, so ist damit der Gedanke verbunden, dass Abwitterungen an Betonen in einem

Tab. 2: Gegenüberstellung von Ergebnissen aus Laborprüfungen (Laborproben, Bauwerksproben), dem Zustand der ausgelagerten Proben bzw. dem Bauwerk und der Vorhersage

Beton	Laborprüfung Abwitterung				Zustand Praxis, Auslagerung		Vorhersage gem. Gleichung (1)		
	Test	1. + 2. Frost-Tau-wechsel [g/m²]	5. + 6. Frost-Tau-wechsel [g/m²]	Σ 28 Frost-Tau-wechsel [g/m²]	Zeit [a]	Abwitterung (Bewertung) [g/m²]	Häufigkeit "strenger" Winter [%]	Zeitraum [a]	Abwitterung [g/m²]
BAB bei Karlsruhe mit Abplatzungen, XF4 (Bohrkerne)	CDF	50	130	1583	5	≤ 200	20	5 10 30 50	50 180 700 1220
BAB bei Karlsruhe ohne Abplatzungen, XF4 (Bohrkerne)	CDF	45	25	380	5	≤ 50	20	5 10 30 50	45 70 170 270
ausgelagerte Labor-probe mit Ab-platzungen, Borås (S) XF4 [18]	CDF	250	80	1065	3	≤ 400	30	5 10 30 50	290 [1] 410 890 1370 [1]
ausgelagerte Labor-probe mit Ab-platzungen, Farchant XF4 / XF2 [13]	CDF	50	280	4000	4	≤ 100 / ≤ 10	40 / 10	5 10 30 50	330 / - 890 / 50 3130 / 610 5370 / 1170
ausgelagerte Labor-probe mit Ab-platzungen, Farchant XF4 / XF2 [13]	CDF	30	90	2800	4	≤ 100 / ≤ 10	40 / 10	5 10 30 50	120 / - 300 / 30 1020 / 210 1740 / 390

[1] Beispiel: Abschätzung für 5 Jahre: 250 g/m² + (5 · 0,30 -1) · 80 g/m² = 290 g/m²
Abschätzung für 50 Jahre: 250 g/m² + (50 · 0,30 -1) · 80 g/m² = 1370 g/m²

bestimmten Ausmaß während der Nutzungsdauer erwartet und toleriert werden. Daraus ergibt sich die Konsequenz, dass ergänzend zu bestehenden Abnahmekriterien für die Laborprüfung auch ein Klassifizierungssystem mit Abwitterungskategorien (zeitliche Staffelung zulässiger Abwitterungsmengen) für die Praxis geschaffen werden sollte. Der Einführung eines solchen Systems steht entgegen, dass bisher kein allgemein anerkanntes Verfahren verfügbar ist, mit dem die Abwitterungen an Bauwerken präzise erfasst werden können. Dementsprechend besteht zurzeit keine Möglichkeit, den Zustand von Bauwerken mit den Vorgaben eines Klassifizierungssystems zu vergleichen.

4 Zusammenfassung und Schlussfolgerungen

Anhand der aktuellen Dokumente aus der Normungsarbeit [4, 10] werden die für die Bestimmung des Frost- und des Frost-Tausalzwiderstandes von Betonen empfohlenen Verfahren sowie die Methoden zur Bestimmung von Gefügestörungen (innere Schädigung) gemeinsam mit den für diese Verfahren zurzeit angewendeten Abnahmekriterien dargestellt.

Ausgehend von Anforderungen, die nach [1] generell an ein Frostprüfverfahren zu stellen sind, erfolgt eine vergleichende Bewertung des Plattenverfahrens, des Würfelverfahrens und des CDF-, CF-, CIF-Verfahrens. Diese zeigt, dass insbesondere die physikalischen Schadensursachen, d.h. der einachsige Wärme- und Flüssigkeitstransport in der Praxis, nur im CDF-, CF und CIF-Verfahren korrekt abgebildet werden. Weiterhin ist im Labor mit diesen Verfahren eine Unterscheidung zwischen Betonen, die einen hohen bzw. ausreichenden Frost- oder Frost-Tausalzwiderstand aufweisen, und Betonen ohne ausreichenden Frost- oder Frost-Tausalzwiderstand reproduzierbar und mit hoher Genauigkeit möglich.

Hinsichtlich der Übertragbarkeit der Ergebnisse von Frost-Laborprüfungen mit dem CDF- und dem CIF-Verfahren werden die Ergebnisse eines DAfStb-Verbundforschungsvorhabens vorgestellt. Diese sind wie folgt zusammenzufassen:

Mit dem eingesetzten CDF-Verfahren zur Simulation der Frost-Tausalzbeanspruchung gelingt es, die in der Praxis maßgebenden Schädigungsprozesse im Versuch beschleunigt ablaufen zu lassen ("Zeitraffereffekt" der Abwitterung). Damit ist auf der Basis der Abwitterungen eine Bewertung von Betonen für die Expositionsklasse XF4 sowohl hinsichtlich der mindestens zu fordernden bzw. ausreichenden Leistungsfähigkeit als auch in Bezug auf die Überprüfung einer gleichwertigen Leistungsfähigkeit möglich.

Zur Bewertung von Betonen für die Expositionsklasse XF2 existiert zurzeit kein eingeführtes Prüfverfahren. Vorgestellt wird die im Rahmen eines Forschungsvorhabens erarbeitete Konzeption für ein sogenanntes "modifiziertes CDF-Verfahren (XF2)".

Das CIF-Verfahren bietet die Möglichkeit Betone für die Expositionsklasse XF3 zu untersuchen. Werden diese in Verkehrswasserbauten eingesetzt, so sind die von der BAW [7] aufgestellten Abnahmekriterien maßgebend. Für die Bewertung von Bauwerken und Bauteilen in der Expositionsklasse XF3 außerhalb des Regelungsbereiches der ZTV-W 215 [19] fehlen zurzeit Festlegungen zur Anzahl der Frost-Tauwechsel, die bis zur Schädigungsgrenze nach [11] - relativer dynamischer E-Modul (RDM) = 80 % - in der Laborprüfung zu erreichen sind. Zu beachten ist dabei, dass der Expositionsklasse XF3 neben offenen Wasserbehältern und Bauteilen in der Wasserwechselzone von Süßwasser [3] auch waagerechte Betonflächen im Freien [2] zuzuordnen sind. Bisher ungeklärt ist weiterhin, inwieweit die in der Laborprüfung gemessene Abnahme des relativen dynamischen E-Moduls als Maßstab für die in der Praxis zu erwartende Schädigung in der Expositionsklasse XF3 herangezogen werden kann.

Während der Temperaturgang der Prüfverfahren extreme Beanspruchungen in der Praxis abdeckt, ist bei der Übertragung der Laborergebnisse insbesondere zu beachten, welchen Sättigungszustand die Betonrandzone unter Praxisverhältnissen erreichen kann und welchem Stadium der Laborprüfung dieser Zustand entspricht. Die Massebestimmungen während der Laborprüfung zeigen stets, dass die Wasseraufnahme der Prüfkörper nach der 7-tägigen Vorlagerung (kapillares Saugen bei 20 °C) nicht beendet ist, sondern sich während der Frostbeanspruchung kontinuierlich fortsetzt. Dieses permanente Feuchteangebot in der Prüfung ist nur vergleichbar mit Bauwerken, bei denen der auftauende Beton in ständigem Kontakt mit Wasser oder Taumittellösung stehen kann, z. B. bei Wasserbauwerken im Bereich der Wasserwechselzone. Überwiegend unterliegen Betonflächen von Bauwerken (Brücken, Tunnel, Verkehrsflächen, Wände von Wasserbauwerken) aber Schwankungen im Feuchtegehalt, die dadurch geprägt sind, dass auf eine hohe Wassersättigung stets eine Trocknungsperiode folgt.

Ein Sättigungsgrad in der Laborprüfung, der in der Praxis nicht erreicht wird, führt zu einem unrealistischen Schadensbild. Um unvermeidliche Unterschiede zwischen dem Schadensbild in der Laborprüfung und in der Praxis zu begrenzen, muss das

Ziel weiterer Untersuchungen darin bestehen, die Abnahmekriterien für die Prüfungen so festzulegen, dass die baupraktischen Erfahrungen getroffen werden.

Weiterhin ist zu den Einflussfaktoren, die das Prüfergebnis der Laborprüfung beeinflussen können, die Carbonatisierung der Prüfkörper zu zählen. Zu klären ist, welche Maßnahmen bei Betonen, die im Laborklima (20 °C, 65 % rel. Luftfeuchte) zur beschleunigten Carbonatisierung neigen, sinnvoll wären, um den Feuchtehaushalt und damit auch den Carbonatisierungsfortschritt den Praxisverhältnissen anzupassen. Insbesondere eine verlängerte Nachbehandlung oder die Lagerung bei höherer relativer Luftfeuchte, z. B. bei 80 % (Durchschnittswert der rel. Luftfeuchte in Deutschland), sind für Betone mit langsamer Erhärtungscharakteristik in Betracht zu ziehen, um den zumeist höheren Hydratationsgrad dieser Betone zum Zeitpunkt der tatsächlichen Frosteinwirkung in der Praxis zu berücksichtigen.

Bei den Bauwerksuntersuchungen kristallisierte sich heraus, dass für die Beurteilung der Frostbeanspruchung des Betons der Feuchtezustand der äußersten Randzone maßgebend ist. Die verwendeten Multiringelektroden (MRE) liefern erste Messwerte ab einer Tiefe von 7 mm unterhalb der Oberfläche. Hilfreich wäre, wenn der Feuchtegehalt der Randzone bis 7 mm Tiefe stärker aufgelöst gemessen werden könnte. Zu beachten ist dabei, dass sich die Porenstruktur des Betons bis zu ca. 5 mm unter der Oberfläche infolge von Einflüssen aus dem Betonieren und Nachbehandeln von der Struktur in tieferen Bereichen unterscheiden kann. Feuchtemessungen in der unmittelbaren Randzone könnten folglich Informationen liefern, die Aufschluss über das Verhalten der "Haut" eines Bauwerks oder Bauteils unter Frostbeanspruchung geben.

Einen Ansatz für die Abschätzung der in der Praxis zu erwartenden Abwitterung auf der Basis der Ergebnisse der Laborprüfung in Abhängigkeit von den klimatischen Bedingungen am Bauwerksstandort, d. h. der Häufigkeit "strenger" Winter, bietet der Vorschlag eines Prognosemodells.

5   Literatur

[1]   Siebel, E. et al. (2005) Sachstandbericht Übertragbarkeit von Frost-Laborprüfungen auf Praxisverhältnisse. Schriftenreihe Deutscher Ausschuss für Stahlbeton, Heft Nr. 560, Beuth Verlag, Berlin

[2]   DIN EN 206-1:2001-07 Beton - Teil 1: Festlegungen, Eigenschaften, Herstellung und Konformität; Deutsche Fassung EN 206-1:2000 mit DIN EN 206-1/A1:2004-10 und DIN EN 206-1/A2:2005-09

[3]   DIN 1045-2:2008-08 Tragwerke aus Beton, Stahlbeton und Spannbeton - Teil 2: Beton - Festle-

gungen, Eigenschaften, Herstellung und Konformität, Anwendungsregeln zu DIN EN 206-1

[4] Vornorm DIN CEN/TS 12390-9:2006-08 Prüfung von Festbeton - Teil 9: Frost- und Frost-Tausalz-Widerstand – Abwitterung

[5] DIN EN 1338:2003-08 Pflastersteine aus Beton. Anforderungen und Prüfverfahren, deutsche Fassung EN 1338:2003

[6] DIN EN 1433:2005-09 Entwässerungsrinnen für Verkehrsflächen - Klassifizierung, Bau- und Prüfgrundsätze, Kennzeichnung und Beurteilung der Konformität, Deutsche Fassung EN 1433:2002+ AC:2004+A1:2005

[7] Merkblatt Frostprüfung von Beton (2004), Bundesanstalt für Wasserbau, BAW-Merkblatt "Frostprüfung"

[8] Zusätzliche Technische Vertragsbedingungen und Richtlinien für Ingenieurbauten (ZTV-ING), Teil 3 Massivbau Abschnitt 2 Bauausführung (2003), Verkehrsblatt Verlag

[9] Siebel, E. (1992) Frost und Frost-Tausalz-Widerstand von Beton. Beton, Nr. 9, S. 496-501

[10] DIN Fachbericht CEN/TR 15177:2006-08 Prüfung des Frost-Tauwiderstandes von Beton - Innere Gefügestörung

[11] Setzer, M.J. et al. (2004) Test methods of frost resistance of concrete: CIF-Test: Capillary suction, internal damage an freeze thaw test - Reference method an alternative methods A and B. Materials and Structures, Vol. 37 - No. 274, pp. 743-753

[12] Tang, L.; Petersson, P.-E. (2004) Slab test: Freeze/thaw resistance of concrete - Internal deterioration. Materials and Structures, Vol. 37 - No. 274, pp. 754-759

[13] Setzer, M.J.; Keck, H.-J.; Palecki, S.; Schießl, P.; Brandes, C.: Entwicklung eines Prüfverfahrens für Betone in der Expositionsklasse XF2. Bericht zum Forschungsprojekt 15.367/2002/DRB, Institut für Bauphysik und Materialwissenschaft (IBPM) der Universität Duisburg-Essen, MPA Bau, Centrum für Baustoffe und Materialprüfung (cbm) der TU München, Berichte der Bundesanstalt für Straßenwesen - Brücken- und Ingenieurbau, Heft B 56, Wirtschaftsverlag NW, 2007

[14] Verbeck, G.J.; Klieger, P. (1957) Studies of "salt" scaling of concrete. Highway Research Board Bulletin, No. 150, pp. 1-13

[15] Beiträge zum Frostwiderstand von Beton in Labor und Praxis. Kolloquium am 29. und 30. September 2005 im Forschungsinstitut der Zementindustrie in Düsseldorf, Hrsg. Deutscher Ausschuss für Stahlbeton und Verein Deutscher Zementwerke e.V., Düsseldorf, 2005

[16] Kasparek, S. (2005) Wärme- und Feuchtetransport in zementgebundenen Baustoffen während der Frostprüfung mit besonderer Beachtung des CIF-Testes. Dissertation am Fachbereich Bauwissenschaften der Universität Duisburg-Essen

[17] Siebel, E.; Breit, W. (1999) Ergebnisse eines europäischen Ringversuches. BFT Jg. 65, Nr. 11, S.44-51

[18] Stark, J.; Frohburg, U.; Nobst, P. (2005) Übertragbarkeit von Frost-Laborprüfungen auf Praxisverhältnisse. DBV 234, F.A. Finger Institut, Weimar

[19] Zusätzliche Technische Vertragsbedingungen - Wasserbau (ZTV-W) für Wasserbauwerke aus Beton und Stahlbeton (Leistungsbereich 215), Ausgabe 2004 und Änderung 1, 2008

6 Autor

Dr.-Ing. Ulf Guse
Materialprüfungs- und Forschungsanstalt
MPA Karlsruhe
Gotthard-Franz Str. 3
76131 Karlsruhe

Verkehrsbauwerke unter Frost-Tausalz-Beanspruchung

Franka Tauscher

Zusammenfassung

Die Dauerhaftigkeit von Verkehrsbauwerken an Bundesfernstraßen und deren Erscheinungsbild wird auch vom Frost-Tausalz-Widerstand des Betons im Bauwerk geprägt. Neue Erkenntnisse zur Beanspruchung des Bauwerkbetons durch Frost-Tausalz-Einwirkung, zum Verlauf von Sättigungsgrad und Temperatur im Bauwerkbeton bis in eine Tiefe von rd. 90 mm und zum Schädigungsprozess eines Frost-Tausalz-Angriffs erlauben die Einwirkungen der Expositionsklassen XF2 und XF4 differenziert darzustellen. Die Zuordnung der Expositionsklassen XF2 und XF4 zu typischen Bauteilen von Brücken- und Ingenieurbauwerken mit ZTV-ING werden bestätigt. Der hohe Frost-Tausalz-Widerstand der Betonbauwerke an Bundesfernstraßen resultiert aus der Kombination von betontechnischen Maßnahmen, konstruktiven Maßnahmen und der Nachbehandlung der Betonoberflächen. Durch Zusammensetzung und Herstellung erhält der Frischbeton das Potential für einen hohen Frost-Tausalz-Widerstand, das durch die Umsetzung der konstruktiven und der Nachbehandlungs-Maßnahmen im Zuge der Bauausführung an der Betonoberfläche der Bauwerke zur Geltung kommt. Der potentielle Frost-Tausalz-Widerstand des Betons kann mit Lab-Perfomance-Prüfverfahren überprüft werden.

1   Allgemeines

Alle Bauwerke an Bundesfernstraßen sind als Außenbauteile der Witterung und als Bauteile am Rande stark befahrener Straßen zusätzlich Spritzwasser, Sprühnebel und saisonal auch Tausalzen ausgesetzt. Die Frost-Tausalz-Beanspruchung des Betons resultiert aus dem Grad der Wassersättigung des Gefüges, aus der jahreszeitlich bedingten Tausalzbeanspruchung und aus der Temperaturwechselbeanspruchung mit Temperaturen oberhalb und unterhalb des Gefrierpunktes. Gegenüber anderen Außenbauteilen erfolgt die Wasseraufnahme des Betons in Ingenieurbauwerken an Bundesfernstraßen nicht nur durch Luftfeuchte und Niederschlag sondern zusätzlich durch Spritzwasser und Sprühnebel, die durch den Straßenverkehr aufgewirbelt werden. Saisonal sind Spritzwasser und Sprühnebel auch tausalzhaltig. Schmelzwasser aus tausalzhaltigem Schnee und Eis am Fahrbahnrand oder auf Brückenkappen wirkt ebenfalls auf den Bauwerksbeton ein.

Der Widerstand gegen Frostschäden von Betonbauwerken resultiert aus der Dichtigkeit des Betons und der Frost-Tausalz-Beständigkeit der Betonkomponenten wie auch aus konstruktiven Maßnahmen, die der Vermeidung von anstehendem Wasser an vertikal ausgerichteten und von aufstehendem Wasser auf vorwiegend horizontal ausgerichteten Bauteiloberflächen dienen. Ist dies nicht möglich und ist eine hohe Wassersättigung des Betons zu erwarten, wie z. B. bei Brückenkappen, ist ergänzend dazu ein wirksames Luftporensystem im Beton erforderlich, um dem gefrierenden Wasser ausreichend Raum zur Ausdehnung zu geben und damit den schädigenden Gefrierdruck im Porensystem zu reduzieren.

Durch die Auswahl einer geeigneten Zusammensetzung und frost-tausalz-beständiger Ausgangstoffe erhält der Beton das Potential für eine hohe Dichtigkeit und einen hohen Frost-Tausalz-Widerstand. Der Festbeton im Bauwerk erhält diese Eigenschaften aber erst durch eine gute Nachbehandlung. Denn nicht die Bauteilmitte, die bei den üblichen Bauteildicken vor kühlen Temperaturen und frühzeitigem Austrocknen geschützt ist, sondern die Oberfläche ist den Einwirkungen von Wasser, Frost und Tausalz ausgesetzt und muss einen hohen Frost-Tausalz-Widerstand aufweisen. Alle sichtbaren Flächen der Ingenieurbauwerke an Bundesfernstraßen sollen als Sichtbeton ausgeführt werden.

Für den Brücken- und Ingenieurbau sollen im Regelfall bewährte Baustoffe und Bauverfahren verwendet werden, um Kosten und Aufwand für die Instandhaltung der Bauwerke gering zu halten. Die diesem Ziel dienenden Anforderungen werden in den entsprechenden Teilen und Abschnitten der Zusätzlichen Technischen Vertragsbedingungen und Richtlinien für Ingenieurbauten, ZTV-ING, festgelegt. ZTV-ING Teil 3 Massivbau, Abschnitt 1 Beton und Abschnitt 2 Bauausführung, gelten ergänzend zu DIN-Fachbericht 100 Beton und DIN 1045-3 Bauausführung. Ergänzend zu den technischen werden mit den ZTV-ING auch vertragliche Festlegungen getroffen und Hinweise in Form von Richtlinientexten gegeben.

Bis vor kurzem lagen nur wenige wissenschaftlich fundierten Erkenntnisse über die frost-tausalz-relevanten Einwirkungen auf den Beton in Ingenieurbauten an Bundesfernstraßen und die Reaktion des oberflächennahen Betons darauf vor. Mit Hilfe von Forschungsprojekten [4, 5, 6] konnten hierzu neue Erkenntnisse gewonnen werden. Damit ist es nun möglich, die Unterschiede der Betonbeanspruchung in den Expositionsklassen XF2 und XF4 darzustellen. Im Zuge der Messungen direkt im Bauwerksbeton konnten im Messzeitraum von rd. 4 Jahren keine Schäden festgestellt werden. Dies war auch nicht zu erwarten, denn die Bauwerksbetone entsprechen den Anforderungen der Normen und ZTV-ING.

Zur Überprüfung des Frost-Tausalz-Widerstands für Beton (ohne Luftporen) in der Expositionsklasse XF2 wurde ein Prüfverfahren entwickelt [6]. Zusammen mit den Erkenntnissen zu Temperatur und Sättigungsgrad im Betongefüge [4, 5] konnten die Randbedingungen des Prüfverfahrens so festgelegt werden, dass die Beanspruchung der Betonprüfkörper im Prüfverfahren der Beanspruchung des Betons im Bauwerk entspricht.

2 Beanspruchung von Brücken und Ingenieurbauwerken an Bundesfernstraßen

2.1 Grundlegende Anmerkungen

Die Schadensintensität einer Frost-Tausalz-Beanspruchung von Beton wird vor allem vom Sättigungsgrad des Porensystems, dem Temperaturminimum beim Frost, den zeitlichen und räumlichen Temperaturunterschieden im Bauwerksbeton, dem Temperaturhub beim Abkühlen und Auftauen, der Anzahl der Frost-Tauwechsel und von der Tausalzmenge bestimmt. Nur wenn zur gleichen Zeit der kritische Sättigungsgrad des Betongefüges überschritten ist und das Porenwasser gefriert, können Drücke im Gefüge entstehen, die die Zugfestigkeit des Gefüges überschreiten. Die Folge ist dann eine lokale Gefügezerstörung.

Das Tausalz setzt den Gefrierpunkt des Wassers herab, so dass erst bei Temperaturen unterhalb des Gefrierpunktes (unterhalb 0 °C) Eis in den Poren des Betons entstehen kann. Es kann also auch bei Temperaturen unterhalb von 0 °C tausalzhaltige Flüssigkeit auf der Fahrbahn stehen und durch Straßenverkehr aufgewirbelt als Spritzwasser und Sprühnebel den Konstruktionsbeton erreichen. Die Betonoberfläche ist unter diesen Bedingungen auch während des Auftauvorgangs nass sein und das Gefüge kann Flüssigkeit durch die Aktivität der Mikroeislinsenpumpe aufnehmen. Durch die Aktivität der Mikroeislinsenpumpe kann das Porengefüge über den kritischen Sättigungsgrad hinaus Wasser aufnehmen und zerstört werden, wenn der Druck im Porenge-

füge größer ist als dessen Zugfestigkeit. Dies führt zur Schädigung des oberflächennahen Betons.

2.2 Beanspruchung durch Klima und Witterung

Die Beanspruchung von Betonbauwerken durch Frost hängt in hohem Maße von der geographischen Lage des Bauwerks und der Schärfe des Winters ab. So wurden bei den ersten Untersuchungen mit kontinuierlicher Temperaturmessung aber noch diskontinuierlicher Bestimmung des Wassergehalts des Betons in Verkehrsbauwerken zwischen 1988 und 1992 an zwei Brücken, die nur 150 km Luftlinie voneinander entfernt liegen, erheblich Unterschiede in der Temperatur und der Anzahl der Frost-Tau-Wechsel (FTW) ermittelt [1]. An der Neckarbrücke bei Mannheim-Seckenheim (rd. 100 m ü. NN) traten bei einer Tiefsttemperatur von -10 °C 13 Frost-Tau-Zyklen in einem milden Winter und 37 Zyklen in einem schärferen Winter auf. An der Eschachtalbrücke bei Rottweil (rd. 660 m ü. NN) hingegen wurden bei einer Tiefsttemperatur von -12 °C 27 Frost-Tau-Zyklen (milder Winter) bzw. 60 Frost-Tau-Zyklen (schärferer Winter) im oberflächennahen Beton des Bauwerks gemessen.

Auch liegen zum Teil erhebliche Unterschiede zwischen dem Makroklima, dies sind z. B. die Lufttemperatur in der Nähe des Bauwerks oder die Messwerte einer nahegelegenen Wetterstation, und dem Mikroklima im Bauwerksbeton [2, 3, 4, 5, 6].

Als Mikroklima werden Temperatur und Feuchte im Betongefüge des Bauwerks bezeichnet. Das Mikroklima wird nicht nur von der geographischen Lage und der Schärfe des Winters sondern auch von der Lage des Betons im Bauwerk bestimmt. So wurden im Beton an der Oberseite eines Brückenüberbaus die 5- bis 10-fache Anzahl der FTW gemessen, wie an dessen Unterseite [1]. Solche Unterschiede resultieren aus der Sonneneinstrahlung auf die Betonoberfläche, aus der Wärmekapazität des Bauteils und einer „geschützten Lage". Messungen an einem Schleusenbauwerk verdeutlichen dies. Eine freistehende Betonwand von 1m Dicke kühlte in der Mitte auf -10 °C ab, während im selben Bauwerk eine erdhinterfüllte ca. 3,6 m dicke Schleusenkammerwand nur auf -4 °C abkühlte [7].

Auf Basis dieser Vorinformationen wurden die Standorte der Bauwerke für weiterführende Untersuchungen aus den Jahren 2002 bis 2007 [4, 5, 6] so ausgewählt, dass möglichst niedrige Temperaturen und möglichst viele Frost-Tau-Wechsel zu erwarten waren. Bei der Auswahl der Standorte musste auch die Verfügbarkeit und Zugänglichkeit der Bauwerke für die Messungen berücksichtigt werden. Drei der Bauwerke, zwei Tunnel und eine Brücke, liegen als niedrige Bauwerke im Tal (Stuttgart, Farchant bei Garmisch-Partenkirchen und Meschede im Sauerland). Dort waren die tiefsten Temperaturen bei Frostereignissen zu erwarten. Eine weitere Brücke wurde in der Nähe von Berlin gewählt, wo ein eher kontinental geprägtes Klima mit kalten Wintern zu erwarten war. Die Untersuchungen an diesen Bauwerken [4, 5] bestätigen die grundlegenden Erkenntnisse aus [1] und liefern darüber hinaus neue detaillierte Erkenntnisse zum Zusammenwirken von Temperatur und Feuchtigkeit im Bauwerksbeton, siehe Abschnitte 2.4.2 und 2.4.1. Diese Untersuchungen [4, 5] werden in [6] durch Messungen in Beton ergänzt, der am Rande von Bundesfernstraßen ausgelagert war.

Hinsichtlich der Beanspruchung des Bauwerkbetons werden Eistage, Forsttage und Frosttage mit Niederschlag differenziert [6]. Eistage sind Tage, an denen Wasser durchgehend gefroren vorliegt. Die Betontemperatur liegt durchgehend unterhalb von 0 °C. Frosttage sind Tage, an denen das Wasser auftauen und/oder einfrieren kann. Die Maximaltemperatur liegt oberhalb von 0 °C und die Minimaltemperatur unterhalb von 0 °C. Frosttage sind Tage mit Frost-Tau-Wechseln. Entscheidend für die Schärfe der Betonbeanspruchung durch Frost und Tausalz sind solche Frosttage, an denen Niederschlag auftritt.

An Frosttagen mit Niederschlag kann der Bauwerksbeton Wasser aufnehmen, das durch Niederschlag, auf die Betonoberfläche auftrifft. Vorwiegend horizontal ausgerichtete Betonoberflächen in XF4 werden durch Niederschlag in höherem Maße beansprucht, als Betonoberflächen in XF2.

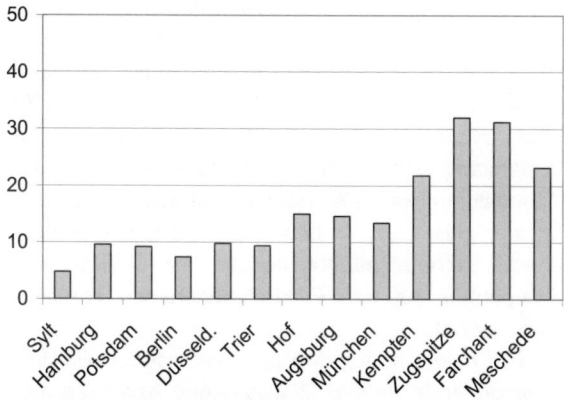

Abb. 1: Durchschnittliche Anzahl an Frosttagen mit Niederschlag [7]

Die durchschnittliche Anzahl an Frosttagen mit Niederschlag in verschiedenen Regionen Deutschlands sind in Abbildung 1 dargestellt. Die Darstellung zeigt, dass die Beanspruchung der Auslagerungsversuche und Bauwerke in Farchant und Meschede zu den schärfsten in Deutschland zählen.

2.3 Beanspruchung durch Nutzung

Die Bauwerke werden hauptsächlich durch den Straßenverkehr genutzt. Durch den Verkehr wird das Oberflächenwasser der Fahrbahn aufgewirbelt und trifft als Spritzwasser und Sprühnebel auf den Bauwerksbeton. In den Wintermonaten werden vorwiegend horizontal ausgerichtete und ungeschützte Bauteiloberflächen durch tausalzhaltiges Spritwasser aus dem Verkehr, Tausalz aus den Streufahrzeugen und tausalzhaltiges Schmelzwasser aus aufliegendem Schnee oder Eis beansprucht. Diese Bauteile fallen aufgrund der hohen Wassersättigung des Betongefüges in die Expositionsklasse XF4. Vorwiegend vertikal ausgerichtete Bauteiloberflächen werden aus der Nutzung heraus durch Spritzwasser und Sprühnebel oder ausschließlich durch Sprühnebel beansprucht. Diese Flächen fallen aufgrund der geringeren Wassersättigung des Betongefüges in die Expositionsklasse XF2.

Auch die Beanspruchung durch Spritzwasser oder Sprühnebel aus dem Straßenverkehr ist an Frosttagen mit Niederschlag (siehe Abbildung 1) am größten.

Durch den Straßenverkehr wird auf diese Weise der Sättigungsgrad des Betongefüges über den Wert hinaus erhöht, der sich durch ein Niederschlagsereignis einstellt. Der kritische Sättigungsgrad kann durch Spritzwasser beim nächsten schadenskritischen Frost-Tauwechsel schneller erreicht werden, als es ohne Einfluss der Nutzung durch Straßenverkehr möglich ist. Die Schadenswahrscheinlichkeit steigt durch die Nutzung.

Dass durch die Nutzung eine Erhöhung des Sättigungsgrades in Betonflächen in XF2 überhaupt möglich ist, wurde in [6] gezeigt. Im Labor hergestellte Betonprüfkörper wurden im Mittelstreifen einer Autobahn und einer autobahnähnlich ausgebauten Bundesstraße mit horizontal (XF4) und vertikal (XF2) orientierter Beanspruchungsfläche der Witterung und dem Spritzwasser und Sprühnebel ausgesetzt. Durch Beschichtung der nicht beanspruchten Betonflächen und Wärmedämmung der Prüfkörper wurden Bedingungen in den ausgelagerten Prüfkörpern erzeugt, die dem Eindringen der Wärme- und Kältefront in Bauwerksbeton entsprechen. Mit diesen Auslagerungsversuchen wurde gezeigt, dass an vertikal orientierten Betonoberflächen in XF2 der kritische Sättigungsgrad oberflächennah überschritten werden kann und als Folge von Frost-Tausalz-Wechselbeanspruchung in dieser dünnen Schicht lokal Abplatzungen auftreten können. Diese Schäden wurden allerdings nur beobachtet, wenn der Beton eine erhöhte Porosität aufwies, weil der w/z-Wert des Betons den nach Norm zulässigen Wert überschritt [6].

Die Tausalzbeanspruchung der Verkehrsbauwerke wird von der Anzahl der Streuvorgänge und der ausgebrachten Menge an Tausalzen bei einem Streuvorgang beeinflusst. Je nach den regional und örtlich vorherrschenden Witterungsverhältnissen und der Bedeutung der Straße im Verkehrsverbund werden sowohl die Anzahl der Streuvorgänge als auch die ausgebrachte Menge an Tausalz variiert um die Fahrbahn eisfrei und ggf. auch schneefrei zu halten. Auch regionale Streugewohnheiten, wie z. B. die Bevorzugung präventiver Streumaßnahmen, tragen zur ausgebrachten Menge an Tausalz bei. Die Menge an Tausalz und tausalzhaltige Flüssigkeit, mit der Betonflächen von Verkehrsbauwerken beaufschlagt werden, also die Spritzwasser- und Sprühnebelmenge, die die Betonoberfläche erreicht, wird von der Verkehrsdichte, der gefahrenen Geschwindigkeit und dem Abstand der Betonfläche von der Fahrbahn geprägt. Damit ist die Beanspruchung des Bauwerksbetons mit Flüssigkeit bei Frost durch so viele Einflüsse geprägt, dass ein repräsentatives und an Mittelwerten orientiertes Beanspruchungskollektiv nicht formuliert werden kann.

Die Nutzung einer Straße wird durch soziokulturelles Verhalten von Menschen geprägt, und kann nicht mit technischen Vorschriften verordnet werden. Damit ist aber auch die direkte Erfassung einer repräsentativen Tausalzbeanspruchung des Bauwerkbetons von Verkehrsbauwerken erschwert, zumal in der tausalzfreien Saison durch Spritzwasser Salz aus dem Bauwerksbeton ausgewaschen wird [8].

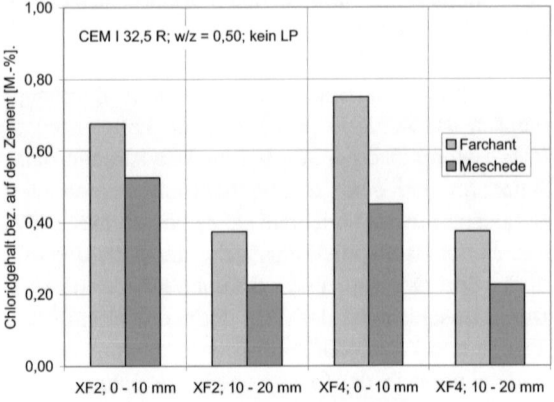

Abb. 2: Chloridgehalt der Betonprüfkörper in 0 bis 10 mm und 10 bis 20 mm Tiefe nach der Auslagerung [7]. XF2 kennzeichnet die vertikal orientierten, XF4 die horizontal orientierten Flächen.

Eine gute Orientierung für die Tausalzbeanspruchung des Bauwerkbetons gibt die Tausalzbeanspruchung der Betonprüfkörper in den Auslagerungsversuchen [6]. Obwohl die Prüfkörper nur über 3 Winter ausgelagert waren, liegen die in den Tiefenlagen 0 bis 10 mm und 10 bis 20 mm an Bohrmehlproben bestimmten Chloridgehalte (Abbildung 2) im Bereich der Werte, die von Bauwerksbetonen stark

befahrener Straßen mit 0,2 bis 2,0 Masse-% bekannt sind [6]. Der Chloridgehalt der Tunnel- und Brückenbauteiloberflächen der Bauwerksmessungen [4, 5] liegt im Rahmen dieser Werte, so dass davon ausgegangen werden kann, dass die Chloridbelastung der Bauteiloberflächen, so sie für Frost-Tau-Wechsel relevant ist, als repräsentativ anzusehen ist.

Ein höherer Chloridgehalt im Beton würde die Abwitterungen in der Tendenz reduzieren, wie die Ergebnisse der Variation der Natriumchloridkonzentration im CDF-Versuch nach [6] zeigen. Mit zunehmender Salzkonzentration der Flüssigkeit nimmt deren Gefriertemperatur ab.

Allerdings sind auch Chromatographieeffekte im Beton beobachtet worden. Beim Aufsaugen tausalzhaltiger Flüssigkeit dringt die Feuchte schneller und tiefer in den Beton ein, als das darin gelöste Salz [9].

2.4 Temperatur und Sättigungsgrad in Bauwerksbeton

2.4.1 Messverfahren

Das Ziel der Untersuchungen war, den tatsächlich im Bauwerksbeton auftretenden Sättigungsgrad und die Temperatur zu erfassen. Eine kontinuierliche Erfassung der Messwerte, insbesondere während der Frostereignisse, wurde erforderlich. Denn nur dann, wenn der für den betrachteten Beton kritische Sättigungsgrad überschritten wird und gleichzeitig das Wasser im Betongefüge gefriert sind Frost-Tausalz-Schäden möglich.

Im Rahmen der Untersuchungen in [4, 5, 6] wurden Multiring-Elektroden (MRE) sowie Temperatursensoren eingesetzt. Die MRE ermöglicht eine tiefenabhängige Messung, so dass in Abschnitten von ca. 7 mm Tiefe innerhalb der Betondeckung bis in Tiefen von ca. 90 mm des unbeeinflussten Betons an acht unterschiedlichen Stellen der elektrolytische Widerstand erfasst wird. In den gleichen Tiefen und Tiefenstufen wird die Betontemperatur gemessen. Mit der gleichzeitig in derselben Tiefenlage gemessenen Betontemperatur konnte der Einfluss der Temperatur auf den Elektrolytwiderstand kompensiert werden.

Für eine Übertragung der gemessenen Elektrolytwiderstände in den Wassergehalt bzw. Wassersättigungsgrad wurde im Labor eine Kalibrierung vorgenommen [4, 5]. Die Kalibrierung erfolgte mit Hilfe der Zweielektroden-Methode (TEM) an Betonscheiben, deren Wassergehalt, Gesamtporosität und Wassersättigungsgrad im Labor bestimmt wurden.

Die in den Abschnitten 2.4.2 und 2.4.3 dargestellten Sättigungsgrade sind als Abschätzung zu verstehen, da die Kalibriermethoden bisher auf keinem großen Erfahrungsschatz beruhen [4].

Der Sättigungsgrad im Bauwerksbeton wurde ohne Berücksichtigung des Chloridgehalts ermittelt. Nach [4] wird ohne Berücksichtigung des Chloridgehalts in der Auswertung der Messwerte der ungünstigste Fall des Sättigungsgrades im Bauwerksbeton abgebildet. Unter Berücksichtigung des Chloridgehalts des Betongefüges würden die berechneten Sättigungsgrade kleiner sein als die in den folgenden Abschnitten dargestellten.

2.4.2 Beton in der Expositionsklasse XF2

Die kontinuierlichen Messungen im Bauwerksbeton von Brückenpfeilern, Brückenüberbauten und Tunnelwänden bis zu einer Tiefe von ca. 90 mm [4] zeigen die Unterschiede in den klimatischen Verhältnissen am Bauwerk und im Bauwerksbeton (siehe Tabelle 1) und an einer nahe gelegenen Wetterstation auf (hier nicht dargestellt).

An den Bauwerken werden weniger Eistage und Frosttage gemessen, als an der Wetterstation. Großen Einfluss auf die Anzahl der Frost-Tauwechsel hat die Sonneneinstrahlung. Im Nordportal eines Tunnels, das von der Sonne nicht beschienen wird, werden wesentlich weniger Frost-Tauwechsel gemessen (i. M. 30 je Jahr) als in der Luft nahe am Bauwerk (i. M. 50 je Jahr). Im Portal eines anderen Tunnels, des Gäubahntunnels, wird der Bauwerksbeton durch die Sonne beschienen und dann wird im Beton eine größere Anzahl Frost-Tauwechsel gemessen als in der Luft, siehe Tabelle 1. Durch die Sonneneinstrahlung können auch bei sehr niedrigen Lufttemperaturen Frost-Tauwechsel im Bauwerksbeton auftreten.

An Tagen mit Frost-Tauwechseln wurde als niedrigste Temperatur -10 °C im Bauwerksbeton beobachtet. Die meisten Frost-Tauwechsel fanden mit Tiefsttemperaturen zwischen 0 °C und -5 °C statt. Niedrigere Temperaturen wurden nur an Eistagen gemessen. An Eistagen lagen, je nach Bauwerk, die Tiefsttemperaturen zwischen -14 und -21 °C, wobei der Wert von -21 °C nur einmal im Beobachtungszeitraum von rd. 4 Wintern auftrat. Die Maximalwerte der Auftaurate wurden mit 3 Kelvin je Stunde (3 K/h) in Tunnelwänden und 6 K/h in Brückenpfeilern vereinzelt gemessen.

Die Anzahl der Frost-Tauwechsel im Beton liegt im Mittel zwischen 30 und 60 im Jahr. Sie hängt von der geografischen Lage des Bauwerks und örtlichen Bedingungen, wie z. B. der Sonneneinstrahlung auf den Bauwerksbeton oder einer Schneedecke, ab. Schadensrelevant sind jedoch nur die Frost-Tauwechsel mit gleichzeitigem Niederschlag. Denn Frostschäden können bei den gemäß Regelwerken verwendeten Betonrezepturen [12, 13] nur auftreten, wenn während des Auftauens Wasser von der Oberfläche mit der Mikroeislinsenpumpe in das Betongefüge aufgenommen werden kann.

Tab. 1: Temperaturbeanspruchung des oberflächennahen Bauwerkbetons im Winter als Mittelwerte pro Jahr [nach 5]

Bauwerk	Messwerte Luft am Bauwerk		Messwerte im Bauwerksbeton						
	Anzahl Eistage	Anzahl Frosttage	Anzahl Frosttage	Anzahl Frosttage $T_{min} < -5\,°C$	Anzahl Frosttage mit Niederschlag	Max. Temperatur-spanne	Maximale / häufigste Abkühlrate	Maximale / häufigste Auftaurate	Min. Temperatur
	[-]	[-]	[-]	[-]	[-]	[K]	[K/h]	[K/h]	[°C]
Tunnel Farchant (Garmisch-Partenkirchen)	20	50							
Portal (XF2)			30	2	8	ca. 12	2 / 1	2,5 / 1	-19
40 m im Tunnel			30	2					
100 m im Tunnel			30	3					
200 m im Tunnel			30	1					
Gäubahntunnel (Stuttgart)	20	50							
Portal (XF2)			59	7	13	ca. 20	2 / 1	3 / 1,5	-21
40 m im Tunnel			45	2					
100 m im Tunnel			40	1					
Brücke Berlin (XF2)	15	40	40	4	10	ca. 15	2,5 / 1	6 / 1	-16
Brücke Riedbüsche (Meschede)	20	60							
Pfeiler und Überbau (XF2)			50	10	10	ca. 15	3 / 1	6 / 1	-14
Brückenkappe (XF4)			68	13	35	ca. 15	5 / 1	5 / 1	-15

Schadensrelevante Frost-Tauwechsel mit Niederschlag wurden im Bauwerksbeton der untersuchten 4 Bauwerke nur 8 bis 13 Mal pro Jahr festgestellt. Das entspricht nur rund einem viertel aller im Mittel gemessenen Frost-Tauwechsel im Bauwerksbeton.

Im Bauwerksbeton werden in XF2 jahreszeitliche Schwankungen mit im Winter ansteigendem und im Sommer fallendem Sättigungsgrad gemessen (Abbildungen 3 und 4). Im Sommer wird kein Einfluss von Niederschlägen auf den Sättigungsgrad festgestellt. Der Beton trocknet langsam und gleichmäßig aus. Die Anstiege des Sättigungsgrades im Winter können den Niederschlägen zugeordnet werden. Der Randbereich ist im Sommer trockener als der innere Bereich. Im Winter liegen hingegen im Randbereich höhere Sättigungsgrade vor als im inneren Bereich.

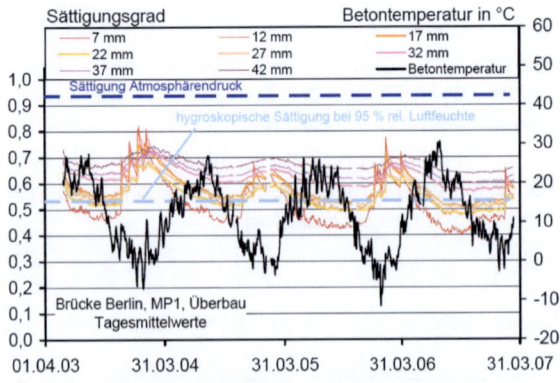

Abb. 3: Verlauf des Sättigungsgrades und der Betontemperatur, die über 3,5 Winter an der Unterseite des Holkastens des Überbaus der Brücke in Berlin, A 10, bestimmt wurden [5].

Der Sättigungsgrad steigt im Winter im Randbereich bis ca. 20 – 25 mm unter der Betonoberfläche witterungsbedingt an. In den vertikalen Bauteiloberflächen ist dann der Sättigungsgrad höher als im Sommer. In größerer Tiefe bewegen sich die gemessenen Sättigungsgrade in der Größenordnung der Sättigung, die sich bei 85 % bis 95 % relativer Luftfeuchte im Beton einstellt, also weit unterhalb einer frostkritischen Sättigung.

Ein deutlicher Anstieg des Sättigungsgrades erfolgt meist, wenn ein Wasserangebot durch Niederschläge oder auftauenden Schnee vorliegt und gleichzeitig die Beton- und Umgebungstemperatur ansteigt und den Gefrierpunkt von Wasser (0 °C) überschreitet. Das sind die Bedingungen unter denen die Mikroeislinsenpumpe aktiviert werden kann. Der Sättigungsgrad überschreitet dabei allerdings nur vereinzelt und nur im oberflächennahen Bereich den Sättigungsgrad unter Atmosphärendruck, siehe auch Abbildung 4. Der Sättigungsgrad unter Atmosphärendruck ist der Sättigungsgrad, der sich ohne

Wirkung der Mikroeislinsenpumpe im wassergelagerten Beton einstellt. Diese Effekte wurden bei den XF2 zugeordneten Bauteilen jedoch nur vereinzelt und nur am Messpunkt ca. 7 mm unter der Betonoberfläche festgestellt. In dieser Oberflächenschicht bis rd. 7 mm Tiefe kann der kritische Sättigungsgrad des Betons als Folge der Aktivität der Mikroeislinsenpumpe erreicht werden und Frostschäden können die Folge sein, wie mit den Auslagerungsversuchen in [6] gezeigt wurde. Derartig hohe Sättigungsgrade in unmittelbarer Nähe der Oberfläche von XF2-Bauteilen wurden im Beobachtungszeitraum von 4 Wintern 1 bis 2 Mal gemessen.

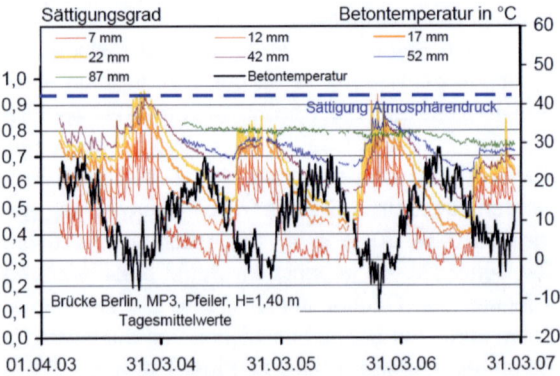

Abb. 4: Verlauf des Sättigungsgrades und der Betontemperatur, die über 3,5 Winter am Brückenpfeiler der Brücke in Berlin, A 10, bestimmt wurden [5]

Mit Untersuchungen in [6] wurde gezeigt, dass der Schädigungsmechanismus unterbrochen wird, wenn an der Betonoberfläche kein Wasser ansteht und wieder beginnt sobald der kritische Sättigungsgrad überschritten ist. Ein Frost-Tausalz-Schaden ist demnach die Summe von lokalen Einzelschäden, die nur dann entstehen, wenn Frost-Tauwechsel auftreten und gleichzeitig beim Auftauvorgang (Temperaturanstieg im Beton über 0 °C hinaus) der Betonoberfläche Flüssigkeit angeboten wird. Ein sichtbarer Frost-Tausalz-Schaden entsteht kumulativ über die einzelnen Winterperioden.

Schäden am Beton der untersuchten Verkehrsbauwerke sind nicht beobachtet worden und waren auch nicht zu erwarten. Der Bauwerksbeton ist regelwerkskonform.

2.4.3 Beton in der Expositionsklasse XF4

Zu den Bauteilen in der Expositionsklasse XF4 von Brücken und Ingenieurbauten an Bundesfernstraßen zählen die Brückenkappen und Kappen in Tunneln oder Trogbauwerken. Kontinuierliche Bauwerksmessungen erfolgten in der Brückenkappe eines der für die Expositionsklasse XF2 untersuchten Bauwerke, der Brücke bei Meschede.

Wie auch an den Brückenbauteilen in XF2 wird die tiefste Betontemperatur (hier -15 °C) an einem

Eistag bestimmt (Tabelle 1). Die tiefste Temperatur im Zusammenhang mit einem Frost-Tauwechsel beträgt ebenfalls -10 °C. Auch traten Frost-Tauwechsel mit Tiefsttemperaturen zwischen 0 und -5 °C am häufigsten auf. Der Temperaturhub (ca. 15 k) und die Maximalwerte der Auftaurate (5 k/h) im Beton der Brückenkappe in XF4 unterscheiden sich auch nicht von den Werten, die in den XF2-Bauteilen bestimmt wurden. Allerdings erreicht in der ungeschützt liegenden Brückenkappe die maximale Abkühlrate denselben Wert, wie die maximale Auftaurate. Infolge der Sonneneinstrahlung und der ungeschützten Lage der Brückenkappe wurden im Kappenbeton (LP-Beton) im Mittel über den Beobachtungszeitraum mehr Frosttage (68) und mehr Frosttage mit Niederschlag (35) gemessen als im Beton der XF2-Bauteile (50 und 10), siehe Tabelle1.

Schadensrelevante Frost-Tauwechsel wurden im Bauwerksbeton der Brückenkappe in XF4 damit 35 Mal pro Jahr festgestellt. Das entspricht rund der Hälfte aller Frost-Tauwechsel in der Brückenkappe. Im Vergleich zur den Bauteilen in XF2 wurde in XF4 die 3,5-fache Anzahl an schadensrelevanten Frost-Tauwechseln beobachtet.

Im Bauwerksbeton der Kappe in XF4 werden keine jahreszeitlichen Schwankungen des Sättigungsgrades festgestellt. Auch Niederschläge beeinflussen den Sättigungsgrad des Betons nicht. Nur der 7 mm unterhalb der Betonoberfläche bestimmte Sättigungsgrad scheint ein wenig von Witterungseinflüssen beeinflusst zu sein (Abbildung 5). Insgesamt liegen die Sättigungsgrade in allen Tiefenlagen deutlich unterhalb der Sättigung unter Atmosphärendruck, so dass ein schadensrelevanter Sättigungsgrad nicht erreicht wird.

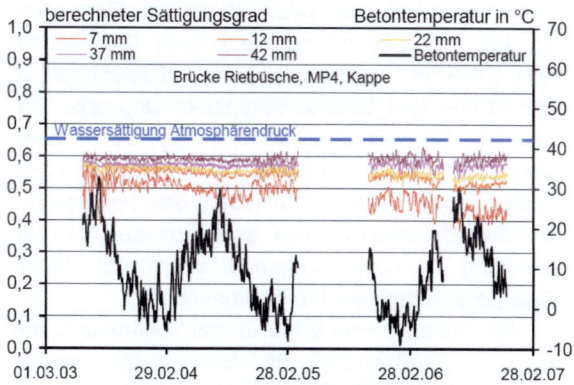

Abb. 5: Verlauf des Sättigungsgrades und der Betontemperatur, die über 3 Winter in der Brückenkappe der Brücke Meschede, A46, bestimmt wurden. Die Brückenkappe ist aus LP-Beton [6].

Aus vergleichbaren Untersuchungen an Wasserbauwerken werden vergleichbare Verläufe des Sättigungsgrades an Messpunkten mit hoher Wassersättigung (XF3 und XF4) berichtet [5]. Es kann davon ausgegangen werden, dass die Messungen in nur einer Brückenkappe repräsentativ für den Sättigungsgrad aller Kappen sind.

Der niedrige Sättigungsgrad in der nahezu horizontal ausgerichteten Brückenkappe erklärt sich durch die Verwendung von Luftporenbeton. Ein wirksames Luftporensystem im Beton reduziert bei gleichem Wassergehalt den Sättigungsgrad im Betongefüge.

Die Wirksamkeit eines mit Hilfe von Luftporenbildner eingeführten Luftporensystems wurde in [6] mit Auslagerungsversuchen gezeigt. Luftporenbetone in XF4 wiesen sehr geringe Schädigungen auf, selbst wenn der w/z-Wert höher war als zulässig. Dagegen wiesen Betone, die ohne Luftporenbilder hergestellt worden waren unter derselben Beanspruchung deutliche Schädigungen in Form größerer Abplatzungen der Betonoberfläche auf. In der Expositionsklasse XF4 dürfen gemäß Regelwerk nur Luftporenbetone verwendet.

3 Widerstand der Verkehrsbauwerke

3.1 Konstruktive Maßnahmen

Schäden durch Frost-Tausalz-Angriff auf Bauwerksbeton stören nicht nur das optische Erscheinungsbild und bilden Angriffsflächen für wasserhaltige Verschmutzungen sondern reduzieren durch Gefügestörungen und Abplatzungen auch die wirksame Betondeckung der Bewehrung.

Die konstruktiven Maßnahmen zur Vermeidung von Frost-Tausalz-Schäden an Verkehrsbauwerken haben vor allem das Ziel, tausalzhaltiges Wasser vom Beton der Tragkonstruktion fern zu halten. Aufstehendes Oberflächenwasser soll abgeleitet werden. Die Expositionsklasse XF4 soll vermieden werden.

Zur Ableitung von Oberflächenwasser werden an vorwiegend horizontal orientierte Betonfläche Anforderungen an die Ebenflächigkeit und die Neigung der gestellt. An vertikal orientierten Betonflächen werden konstruktive Maßnahmen, wie z. B. Ablaufrinnen oder Entwässerungsgräben, und horizontale Anschlussflächen mit Neigung vom Beton weg vorgesehen [10].

Fahrbahntafeln von Brücken sollen aus entwässerungstechnischen Gründen 1,0 % Längsgefälle und 2,5 % Quergefälle aufweisen. In Querrichtung muss in der Brückentafel ein Gefällewechsel ausgeführt werden (Abbildung 6), damit Oberflächenwasser in die Entwässerungsöffnungen abgeführt wird und nicht über den tieferliegenden Rand des Überbau abfließt. Die Fahrbahntafeln werden mit einer flüssigkeitsdichten Abdichtung nach ZTV-ING [15 versehen, so dass der Konstruktionsbeton vor Wasser- und Tausalzeinwirkung geschützt ist. Ein Frost-Tausalzschaden kann infolge der geringen Wassersättigung des Betons der Fahrbahntafel nicht entstehen.

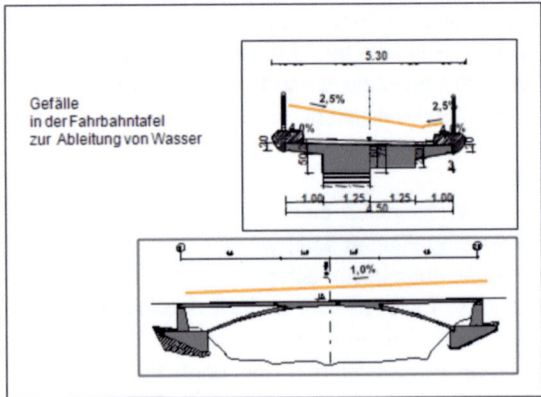

Abb. 6: Zur Entwässerung erforderliches Gefälle in der Fahrbahntafel einer Brücke.

Brückenkappen müssen in der Regel mit 4 %, aber mindestens mit 2,5 % Neigung zur Fahrbahn hin ausgeführt werden. Die Oberfläche muss in Längswie auch in -querrichtung eben sein, um Pfützenbildung zu vermeiden. Mit dem in Querrichtung aufgebrachten Besenstrich wird wasserreicher Zementleim abgezogen und das vollständige Abfließen des Oberflächenwassers zur Fahrbahn hin wird gefördert.

An Pfeilern und Widerlagerwänden werden das ablaufende Spritzwasser und das Oberflächenwasser der Fahrbahn durch konstruktive Maßnahmen vom Beton abgeleitet, so dass es nicht am Fuß des Bauteils stehen bleiben kann. Entsprechende konstruktive Maßnahmen werden in Tunneln und Einschnitten getroffen. Im Beton dieser Bauteile kann kein Wasser kapillar aufsteigen und eine hohe Wassersättigung im Sinne der Norm [12] kann nicht entstehen.

Fugen müssen nach RIZ-ING [10] so ausgebildet werden, dass sich in ihnen kein Wasser ansammeln kann. Fugen und insbesondere Fugen, die mit Vergussmasse ausgeführt werden, müssen gewartet werden. Bei Undichtigkeiten müssen Bänder oder Vergussmasse ausgetauscht werden.

Unter Beachtung der Konstruktionsregel in RIZ-ING [10] fallen somit nur Kappen in die Expositionsklasse XF4 und müssen mit Luftporenbeton ausgeführt werden.

Die Maßnahmen zum Ableiten des Wassers von der Bauteiloberfläche weg wirken gleichzeitig auch dem Eindringen von Chloridionen in den Konstruktionsbeton entgegen. Chloridionen können die Bewehrungskorrosion erheblich beschleunigen und/oder Lochfraßkorrosion im Bewehrungsstab oder Spannstahl verursachen. Bauwerke, die mit Chlorid aus Tausalz beansprucht werden, fallen zusätzlich zu XF2 und XF4 in eine der Expositionsklassen XD. Betondeckung, Rissbreitenbegrenzung und der Rechenwert der Rissbreite folgen aus der Kombination

von XF und XD. Im Brücken- und konstruktiven Ingenieurbau an Bundesfernstraßen beträgt der Rechenwert der Rissbreite $w_k = 0,2$ mm.

3.2 Materialtechnische Maßnahmen

3.2.1 Betontechnik

Ein Beton mit hohem Widerstand gegen Frost- und Tausalzeinwirkungen muss ein dichtes und diskontinuierlich ausgebildetes Porengefüge aufweisen. Alle Betonausgangsstoffe und die Hydratationsprodukte der Festbetonoberfläche müssen einen hohen Frost-Tausalz-Widerstand aufweisen. Der höchstzulässige Mehlkorngehalt ist begrenzt. Auch dürfen keine Bestandteile im Beton enthalten sein, die nicht Frostbeständig sind, wie z.B. Holz, Lehm oder quellfähige Bestandteile.

Bei hoher Wassersättigung ist Luftporenbeton erforderlich. Der Luftporenbeton wird mit speziellen Betonzusatzmitteln, den Luftporenbildern, hergestellt. Damit wird ein wirksames Luftporensystem im Betongefüge erzeugt. Es ist ein Mindestgehalt an Luftporen erforderlich, um die Kapillarporen zu unterbrechen und den Ausweichraum für gefrierendes Wasser zu vergrößern. Durch einen Mindestgehalt an Mikroluftporen mit Durchmesser kleiner als 300 µm (L300) und einen Mindestabstand dieser Mikroluftporen untereinander (a) [11] wird die Strecke zwischen dem Ort der Entstehung des Eises und dem Ausweichraum in der Mikropore der hydraulische Druck im Porensystem reduziert. Zudem ist der Sättigungsgrad von Luftporenbeton bei gleichem Wassergehalt geringer als der des Betons ohne Luftporen.

Die wichtigste betontechnische Maßnahmen zur Vermeidung von Frost-Tausalz-Schäden an Verkehrsbauwerken aus Beton ist die zutreffende Zuordnung der Expositionsklasse nach DIN-Fachbericht 100 sowie die Beachtung der Anforderungen an Herstellung und Betonzusammensetzung aus DIN-Fb 100 [12] und ZTV-ING 3-1 [13]. Durch diese Maßnahmen erhält der Beton das Potential für einen hohen Frost-Tausalz-Widerstand, das bei sachgerechtem Betoneinbau und sachgerechter Nachbehandlung in einer dauerhaft widerstandsfähigen Betonoberfläche zum Tragen kommt.

Alle oberirdischen Bauteile von Verkehrsbauwerken sind Außenbauteile und fallen in die Expositionsklasse XC4. Für Ingenieurbauwerke an Bundesfernstraßen wird die Zuordnung von typischen Bauteilen zu den Expositionsklassen für Frost- und Tausalzeinwirkungen durch ZTV-ING 3-1 [13] vorgegeben. Grundsätzlich werden vorwiegend horizontal ausgerichtete und gleichzeitig vom Niederschlag direkt getroffene Betonflächen hoher Wassersättigung XF4, vorwiegend vertikal ausgerichtete oder vom Niederschlag nicht direkt getroffene Bauteile werden mäßiger Wassersättigung XF2 zugeordnet.

Ein Bauteil wird als Ganzes der Expositionsklasse zugeordnet, die für die jeweils schärfst Beanspruchung des Betons zutrifft. ZTV-ING 3-1 [13] ergänzt den DIN-Fachbericht 100 [12]. Soweit in ZTV-ING nichts Abweichendes festgelegt ist, gelten die Anforderungen des DIN-Fachberichts 100.

Die Einwirkungen aus Frost und Tausalz, XF, und aus Chlorid aus Tausalz, XD, werden grundsätzlich in Kombination betrachtet. Die Erfahrungen mit den Grenzwerten der Betonzusammensetzung aus der Zeit vor EN 206-1 lassen bisher keine andere Betrachtungsweise zu, um Bauwerke und Bauwerksteile in der bewährten Qualität zu erhalten.

Kappen und vergleichbare Bauteile, wie Betonschutzwände, werden der Expositionsklasse XF4 zugeordnet. XF4 erfordert in jedem Fall Luftporenbeton. In Kombination mit der Tausalzbeanspruchung wird auch die Expositionsklasse XD3 zugeordnet. Die Praxiserfahrungen mit Brückenkappen von Verkehrsbauwerken belegen, dass aus Beton mit höchstzulässigem w/z-Wert von 0,50 und den für XF4 verwendbaren Gesteinskörnungen und Zementen sowie mit einem gegenüber DIN-Fachbericht 100 um 1,0 Vol.-% erhöhten Luftgehalt im Frischbeton [13] dauerhafte Kappenbauteile resultieren, wenn Einbau und Nachbehandlung regelwerksgerecht erfolgen. Im Gegensatz zu den Betonschutzwänden wäre für Brückenkappen ein höchstzulässiger w/z-Wert von 0,45 von Nachteil. Deshalb wird für Brückenkappen ein höchstzulässiger w/z-Wert von 0,50 und eine Mindestdruckfestigkeitsklasse von C25/30 (LP-Beton) gefordert, für Betonschutzwände hingegen ein höchstzulässiger w/z von 0,45 und damit verbunden eine Mindestdruckfestigkeitsklasse von C30/37 für LP-Beton.

Widerlager, Pfeiler und Tunnelwände werden, wegen der vorwiegend vertikalen Ausrichtung, auch im Fußbereich der mäßigen Wassersättigung XF2 zugeordnet, wenn die konstruktiven Regeln zur Ableitung des Wassers am Fuß des Bauteils beachtet werden. In Kombination mit der Tausalzbelastung aus Spritzwasser werden diese Bauteile ergänzend XD2 zugeordnet.

Widerlager und Pfeiler unterhalb von befahrenen Straßen oder unterhalb von hohen Talbrücken werden ebenfalls XF2 zugeordnet, weil sie aus dem die Brücke überfahrenden Verkehr durch Sprühnebel mit Tausalzen beansprucht werden. Weil die Tausalzbeanspruchung ausschließlich durch Sprühnebel erfolgt, werden diese Bauteile XD1 zugeordnet.

Stehen Widerlager oder Pfeiler allerdings im Wasser, kann dieses Wasser kapillar aufsteigen und eine hohe Wassersättigung des Betons bewirken. Dann wäre XF4 (Luftporenbeton) die richtige Expositionsklasse. In der Praxis wird an Flusspfeilern jedoch immer ein Schutzbeton angeordnet. Ist dieser hoch genug ausgeführt und ein Luftporenbeton XF4,

dann ist der Beton des Pfeilers vor hoher Wassersättigung geschützt und kann in Beton XF2 ausgeführt werden.

Überbauten, die ausschließlich durch Sprühnebel beansprucht werden, werden der mäßigen Wassersättigung XF2 und XD1 zugeordnet. Die Fahrbahntafel der Überbauten wird immer mit einer flüssigkeitsdichten Abdichtung versehen, die unterhalb von Fahrbahnbelag und Brückenkappen verläuft. Die erforderliche Betondeckung wird nicht reduziert.

Tunnelbauteile werden im Einfahrtsbereich den gleichen Expositionsklassen zugeordnet wie Widerlager und Pfeiler, XF2+XD2. Im Bereich dazwischen werden XF2 und XD1zugeordnet.

Mit ZTV-ING 3-1 [13] ist die Anforderungen an die Mindestdruckfestigkeitsklasse für den höchstzulässigen w/z-Wert von 0,50 und mindestens 320 kg/m³ Zement gegenüber DIN-Fachbericht 100 abgemindert. Diese Regelung bedeutet keine Reduzierung der Anforderungen an den Beton mit ZTV-ING. Im Unterschied zum üblichen Lieferschein nach DIN-Fachbericht 100 sind auf dem Lieferschein nach ZTV-ING [13] die Einwaagen an Zement, Gesteinskörnung und Wasser im Fahrzeug angegeben. Bei der vorgeschriebenen Kontrolle des Lieferscheins bei Übergabe des Betons wird auf der Baustelle der w/z-Wert kontrolliert. Die Überprüfung des höchstzulässigen w/z-Wertes über die Mindestdruckfestigkeitsklasse nach DIN-Fachbericht 100 [12] ist damit nicht erforderlich und die Mindestdruckfestigkeitsklasse kann niedriger festgelegt werden, ohne Einbußen an der Dauerhaftigkeit des Bauwerkbetons hinnehmen zu müssen. Begründet ist die Reduzierung der Mindestdruckfestigkeit in den relativ großen Abmessungen der Bauteile im Brückenbau. Nur bei der geminderten Mindestdruckfestigkeitsklasse können die in der Baupraxis bewährten Zemente der Festigkeitsklassen 32,5 und 32,5 R weiterhin zu Anwendung kommen.

3.2.2 Zusätzliche Maßnahmen

Zusätzliche Maßnahmen zur Reduzierung der Frost-Tausalzbeanspruchung von Beton in Verkehrsbauwerken werden für die Fahrbahntafeln getroffen. Fahrbahntafeln werden immer mit einer Abdichtung nach ZTV-ING Teil 7 [15] versehen, bevor der Fahrbahnbelag aufgebracht wird. Für den Zeitraum zwischen dem Aufbringen der Abdichtung und dem Einbau des Fahrbahnbelages werden hier auch besondere Maßnahmen gefordert, um eine Beschädigung der Abdichtung zu vermeiden.

Als Zusätzlich Maßnahme ist auch die regelmäßige Inspizierung der Verkehrsbauwerke nach DIN 1076 [14] und ZTV-ING Teil 7 [15] zu werten. Im Rahmen dieser Brückenprüfungen werden auch Bauteilfugen gewartet und ggf. instandgesetzt.

3.3 Bauausführung

3.3.1 Nachbehandlung

Erst durch eine angemessene Nachbehandlung kann das Potential des Frischbetons für einen hohen Frost-Tausalz-Widerstand im Festbeton erreicht werden. Die schärfste Frost-Tausalz-Beanspruchung erfolgt direkt an der Betonoberfläche. Eine dichte und ausreichend feste Betonoberfläche ist entscheidend dafür, dass keine Schäden auftreten. Frost-Tausalz-Schäden entstehen kumulativ. Örtlich begrenzten Gefügeschäden summieren sich über weitere Frost-Tau-Ereignisse hinweg, bis Abwitterungen sichtbar werden [6]. Ist die erste Schicht der Betonoberfläche abgewittert und bleibt die Beanspruchung gleich, kann der Beton über die Lebensdauer hinweg schichtenweise immer tiefer abwittern.

Unter Nachbehandlung werden alle Maßnahmen verstanden, mit denen der erhärtende Beton vor Beschädigung geschützt wird und mit denen der Hydratationsgrad des Betons im oberflächennahen Bereich die erforderlichen Werte sicher erreicht. Das sind alle Maßnahmen mit wasserzuführender oder wasserrückhaltender Wirkung und wärmedämmender Wirkung bei kühlen Außen- und Betontemperaturen. Die Nachbehandlung muss nach DIN 1045-3 [16] mindestens so lange andauern, bis im oberflächennahen Beton das relative Festigkeitsverhältnis von $f_{c,t} / f_{ck} = 0,50$ erreicht ist. Das relative Festigkeitsverhältnis repräsentiert den Hydratationsgrad des Betons, der vor Beendigung der Nachbehandlung erreicht sein muss, damit die Oberfläche einen ausreichenden Widerstand aufweist. Für Brücken und Ingenieurbauwerke an Bundesfernstraßen wird mit ZTV-ING 3-2 [21] am Ende der Nachbandlung an der Oberfläche ein relatives Festigkeitsverhältnis von $f_{c,t} / f_{ck} = 0,70$ gefordert, also ein größerer Widerstand der Betonoberfläche gegen Frost-Tausalz-Einwirkung und Chlorideindringen.

Nach ZTV-ING zählen auch die Maßnahmen zur Nachbehandlung mit denen Rissbildung, z. B. als Folge abfließender Hydratationswärme, verhindert werden.

3.3.2 Luftgehalt von LP-Beton

Der Luftgehalt im Frischbeton ist gemäß ZTV-ING 3-1 [13] auch in den Konsistenzklassen C1, C2 bzw. F2 und F3 1% höher als nach DIN-Fb 100 [12]. Der Luftgehalt im Frischbeton muss unmittelbar vor dem Einbau in das Bauteil diese Anforderungen erfüllen. Verluste von Luftporen während des Förderns, insbesondere bei Pumpförderung, müssen durch entsprechende Vorhaltemaße bei der Frischbetonherstellung berücksichtigt werden. Zur Festlegung der Vorhaltemaße ist der Luftgehalt der ersten Betonagen zusätzlich nach der Pumpe zu bestimmen.

3.3.3 Oberflächengestaltung

Im Zuge der Bauausführung werden die konstruktiv vorgesehenen Maßnahmen zur Ableitung von Oberflächenwasser (siehe Abschnitt 3.1) durch eine geeignete Oberflächenbehandlung umgesetzt. Die erforderliche Längs- und Querneigung der Fahrbahntafel werden durch geeignete Wahl der Betonkonsistenz, des Einbauverfahrens und der Verdichtung realisiert. Oberflächenrüttler, sog. Rüttelbohlen, sind so ausgebildet, dass der Querneigungswechsel auf Höhe der tiefer liegenden Kappe durch eine gelenkig angeschossene kurze Bohle ausgeführt werden kann. Durch diese Maßnahmen wird verhindert, dass tausalzhaltiges Oberflächenwasser am Überbau herunterlaufen und dort oder in den darunterliegenden Bauteilen, wie z.B. Widerlager oder Pfeiler, hohe Wassersättigung im Beton erzeugen kann.

Die Oberflächengestaltung von Kappen stellt ebenfalls hohe Anforderungen an die Bauausführung. Hier müssen Nachbehandlung und Oberflächengestaltung aufeinander abgestimmt werden. Beim Betoneinbau wird die erforderliche Längsneigung von 1 % (aus der Fahrbahntafel heraus) und die Querneigung von in der Regel 4 %, aber mindestens mit 2,5 %, in der Kappenoberfläche zur Fahrbahn hin ausgeführt. Die Oberfläche muss in Längs- wie auch in -querrichtung eben sein, um Pfützenbildung in der Kappenoberfläche zu vermeiden. Der Besenstrich muss im ansteifenden Beton ausgeführt werden. Der Beton darf dabei nicht zu weich, aber auch nicht zu weit angesteift sein. Sonst kann die rillenartige Textur nicht im Festbeton verbleiben und Betonausbrüche in der Oberfläche können nicht sicher vermieden werden. In dem Zeitraum zwischen Betoneinbau, Verdichten und Aufbringen des Besenstrichs darf nur wenig Wasser aus dem Kappenbetons verdunsten, um eine dichte Oberfläche mit hohem Frost-Tausalz-Widerstand zu erhalten. Dieser Zeitraum kann z. B. durch die Einbaukonsistenz des Betons, die Verwendung eines verflüssigenden Betonzusatzmittels mit verzögernder Wirkung oder die Witterung so lang werden, das der Beton nach Einbau und Verdichtung flüssigkeitsdicht abgedeckt werden muss, um übermäßiges Verdunsten des Anmachwassers zu vermeiden. Für diese Art der „Zwischennachbehandlung" sind flüssige Nachbehandlungsmittel nicht geeignet. Bei Aufbringen des Besenstrichs werden sie in den Frischbeton eingearbeitet und verändern die Gefügestruktur des oberflächennahen Betons.

3.3.4 Fugenausbildung

Die sachgerechte Fugenausbildung ist ganz wesentlich von der Bauausführung beeinflusst. Die Betonkanten müssen geschlossen und gerade sein und zur Bauwerksaußenseite hin gebrochen ausgeführt werden [10]. Das Einlegen der Fugenbänder muss ebenfalls sachgerecht und sorgfältig erfolgen, damit die planmäßige Fugenbewegung nicht behindert wird. Ausbrüche an Fugenkanten bergen immer die Gefahr von Schmutz und Wasseransammlung. Die Wassersättigung des Betons könnte dann unplanmäßig hohe Werte erreichen und zu Frost-Tausalz-Schäden führen.

4 Prüfung des Betons

4.1 Überprüfung des Frost-Tausalz-Widerstands in der Expositionsklasse XF4

Der Frost-Tausalz-Widerstand von Beton für die Expositionsklasse XF4 ist gegeben, wenn die Anforderungen des Regelwerks an Ausgangstoffe und Herstellung eingehalten werden. Dennoch kann eine Überprüfung des Frost-Tausalz-Widerstands von Beton sinnvoll sein, um die Einflüsse aus Frischbetoneigenschaften und Einbau auf den Bauwerksbeton im Schadensfall unterscheiden zu können.

Zur Überprüfung des Frost-Tausalz-Widerstandes von Beton für XF4 ist das CDF-Verfahren [17] geeignet. Dies haben die Untersuchungen im Rahmen des DAfStb-Schwerpunktthemas „Übertragbarkeit von Frost-Laborprüfungen auf Praxisverhältnisse" bestätigt [18]. Die Prüfung muss an gesondert hergestellten Probekörpern durchgeführt werden. Frühere Untersuchungen der BASt zeigen, dass die Probekörper für die Prüfung mit dem CDF-Verfahren XF4 sowohl auf der Baustelle hergestellt werden können als auch im Transportbetonwerk. Wichtig für die richtige Beurteilung der Prüfkörper sind der sorgfältige Transport der Schalungen, die regelwerksgerechte Lagerung der Würfel bis zum Beginn der Prüfung und die regelwerksgerechte Prüfung der nach Prüfvorschrift erforderlichen Betonoberfläche. Danach sind mindestens 6 Würfel mit 150 mm Kantenlänge zu prüfen.

Nach ZTV-ING 3-2 [21] darf die CDF-Prüfung nur von Prüfstellen durchgeführt werden, die über ausreichende Erfahrung verfügen. Die Abwitterung im CDF-Verfahren XF4 darf nach 28 Frost-Tauwechseln nicht höher als 1500 g/m² sein.

Das Prüfalter des Betons für den Nachweis des Frost-Tausalz-Widerstandes XF4 beträgt wie für den Nachweis der Festigkeit 28 Tage.

Soll der Frost-Tausalz-Widerstand mit dem CDF-Verfahren XF4 überprüft werden, ist es sinnvoll dies in der Leistungsbeschreibung festzulegen. Im Zweifelsfalle kann jedoch auch kurzfristig eine Kontrollprüfung durch den Auftraggeber erfolgen [19].

Die Überprüfung des Frost-Tausalz-Widerstands von Kappenbeton mit dem CDF-Verfahren wurde in ZTV-ING 3-1 [13] nicht zwingend vorgeschrieben. Es gibt genügend Beispiele für Brückenkappen mit hohem Frost-Tausalz-Widerstand. Je nach Größe und Bedeutung des Bauwerks können die Kosten für die

Überprüfung einer (gemäß Regelwerk aus der Zusammensetzung) gegebenen Eigenschaft des Betons die Kosten der Brückenkappe überschreiten. Die Kosten für die Betonprüfungen müssen dem Bauwerk und den im Schadensfall zu erwartenden Instandsetzungskosten angemessen sein.

Ist der Frost-Tausalz-Widerstand einer Kappenoberfläche nicht ausreichend und treten Abwitterungen auf, kann durch die Überprüfung des Luftporensystem im Festbeton (Luftgehalt, Anzahl der Mikroluftporen, Abstand der Mikroluftporen) nach [11] festgestellt werden, ob der Beton regelwerksgerecht ist.

4.2 Überprüfung des Frost-Tausalz-Widerstands in der Expositionsklasse XF2

Ein Prüfverfahren zur Überprüfung des Frost-Tausalz-Widerstands von Beton in der Expositionsklasse XF2 wurde im Rahmen des DAfStb-Forschungsschwerpunktes [18] mit Mitteln des BMVBS und der BASt entwickelt. Das neue Prüfverfahren XF2, das CDF-Verfahren XF2, wurde aus dem CDF-Verfahren XF4 durch geeignete Modifikationen entwickelt [6]. Die Schärfe der XF2-Prüfung und die Schädigungsgeschwindigkeit des Betons in der XF2-Prüfung wurden gegenüber der XF4-Prüfung deutlich reduziert. Über Messung der Betonbeanspruchung im Bauwerk [4, 5] und Auslagerungsversuche von Betonprüfkörpern an 4-spurigen Bundesfernstraßen [6] konnten die Einwirkungen und der physikalische Schädigungsmechanismus im Bauwerksbeton erfasst und mit der XF2-Laborprüfung nachgestellt werden.

Das neue CDF-Verfahren XF2 hat allerdings die Regelwerkreife noch nicht erreicht. Zurzeit werden weitere Untersuchungen zur Reproduzierbarkeit des Verfahrens und zur Höhe der zulässigen Abwitterung in der Prüfung durchgeführt.

Das CDF-Verfahren XF2 kann in Zukunft zur Überprüfung des Frost-Tausalz-Widerstandes in der Expositionsklasse XF2 dienen, vergleichbar dem CDF-Verfahren XF4. In erster Linie soll das neue Verfahren aber dazu dienen, den potentiellen Frost-Tausalz-Widerstand von Betonen mit noch nicht bewährten Ausgangstoffen und Rezepturen für die Expositionsklasse XF2 zu beurteilen. Bisher ist es nur möglich, diese Erfahrungen über eine langjährige Beobachtung der Dauerhaftigkeit im Brücken und konstruktiven Ingenieurbau an Bundesfernstraßen zu sammeln.

5 Anwendungsbeispiele

5.1 Zuordnung der Expositionsklassen für Brücken

Die Zuordnung der Expositionsklassen für Frost und Tausalz zu Brückenbauteilen erfolgt gemäß ZTV-ING 3-1 [13]. In Abbildung 7 ist die Zuordnung und einige der zutreffenden Grenzwerte der Betonzusammensetzung beispielhaft dargestellt.

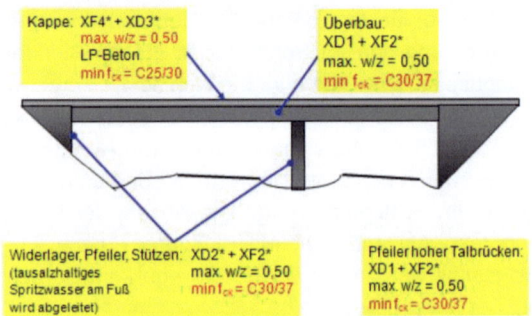

Abb. 7: Expositionsklassen und ausgewählte Grenzwerte der Betonzusammensetzung für Bauteile von Brücken nach ZTV-ING 3-1

Der w/z-Wert des Betons für XF2 beträgt höchstens 0,50. Luftporen sind nach DIN-Fb 100 [12] zwar möglich, sie sind aber nicht erforderlich um einen dauerhaften Beton für XF2 herzustellen. Diese langjährige Erfahrung mit Beton im Brücken- und Ingenieurbauten an Bundesfernstraßen wurde mit den Auslagerungsversuchen und den kombinierten Feuchte- und Temperaturmessungen in [6] bestätigt.

5.2 Maßnahmen für Brückenkappen mit Frost-Tausalz-Widerstand XF4

Für eine Brückenkappe wird Beton für die Expositionsklassen XC4, XD3 und XF4, Konsistenz F2, Mindestfestigkeitsklasse C25/30 nach ZTV-ING bestellt. Die Zusammensetzung des Betons entspricht DIN-Fb 100 [12] und ZTV-ING 3-1 [13]. Der Luftgehalt des Frischbetons entspricht den Anforderungen von ZTV-ING 3-1, siehe Tabelle 2. Der Kappenbeton mit plastischer Konsistenz und 32 mm Größtkorn muss einen Mindestluftgehalt im Frischbeton von 5,0 Vol.-% an der Einbaustelle aufweisen.

Tab. 2: Mindestluftgehalt für Beton XF4 [11, 13]

Größtkorn	Mittlerer Mindestluftgehalt [1] in Vol.-% für Beton der Konsistenz		
mm	C1	C2 bzw. F2 und F3	F4 [3]
	ohne FM oder BV	C1 mit FM oder BV	
1	2	3	4
8	5,5	6,5 [2]	6,5 [2]
16	4,5	5,5 [2]	5,5 [2]
32	4,0	5,0 [2]	5,0 [2]

[1] Einzelwerte dürfen diese Anforderungen um höchstens 0,5 Vol.-% unterschreiten
[2] Abminderung um 1 Vol.-% nach Erstprüfung am Festbeton möglich
[3] F6 immer Nachweis am Festbeton

Wird der Kappenbeton mit der Pumpe zum Einbauort gefördert, muss der Luftgehalt des Frischbetons an der Einbaustelle hinter der Pumpe zu Beginn der Betonage erneut bestimmt werden und mindestens 5,0 Vol.-% betragen.

Die Mindestneigung der Brückenkappe in Längs- und Querrichtung, die für eine gute Entwässerung erforderlich ist, kann den RIZ-ING [10] entnommen werden. Abbildung 8 zeigt den Gefällewechsel in der

Fahrbahntafel des Überbaus und das Gefälle der Kappenoberseite in Querrichtung. Die Querneigung der Kappenoberfläche muss 4 % betragen.

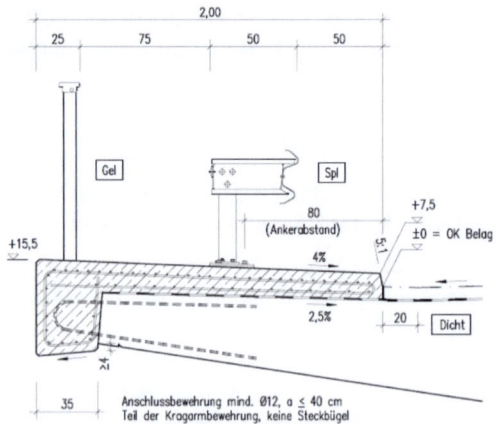

Abb. 8: Außenkappe mit einfacher Distanzschutzplanke nach Kap. 1 [10]

Die Mindestdauer der Nachbehandlung wird auf Grundlage der aktuellen und für die nächsten Tage zu erwartenden Umgebungstemperaturen nach DIN 1045-3, Tabelle 2, [16] abgeschätzt. Die Mindestnachbehandlungsdauer der Brückenkappe beträgt den 2fachen Wert aus Tabelle 2 (vgl. ZTV-ING 3-2 [21]). Die Verdoppelung der Werte aus DIN 1045-3, Tabelle 2, [16] entspricht dem Zielwert der relativen Festigkeit am Ende der Nachbehandlung von $f_{c,t} / f_{ck} = 0,70$ nach [21].

Die Länge der Betonierabschnitte, die Anzahl an Arbeitern und die Witterungsverhältnisse müssen so aufeinander abgestimmt sein, dass aus der ungeschützten Betonoberfläche der Kappe nur wenig Wasser verdunsten kann. Dabei müssen der Zeitraum zwischen Einbau und Abziehen mit der Rüttelbohle wie auch der Zeitraum zwischen Abziehen der Oberfläche und Aufbringen des Besenstrichs berücksichtigt werden. Der Zeitraum zwischen Einbau und Abziehen ist möglichst kurz zu halten. So kann z. B. ein plastischer Beton (F2) früher abgezogen werden als ein weicherer Beton (F3 und größer). Betonzusatzmittel mit verzögernder Wirkung, z.B. BM oder FM, sind in diesem Fall problematisch.

Die Nachbehandlung muss so früh wie möglich beginnen. Bei heißer Witterung oder starkem Wind kann es sogar erforderlich werden, den Frischbeton unmittelbar nach dem Einbau mit Folie vor Wasserverlust zu schützen. Solche Maßnahmen sollten auch dann ergriffen werden, wenn die Konsistenz des Betons zu weich ist und Betonzusatzmittel mit verzögernder Wirkung eingesetzt werden.

Die Nachbehandlung im Zeitraum zwischen Abziehen der Oberfläche und Aufbringen des Besenstrichs muss so gestaltet sein, dass die Folie den Beton nicht unmittelbar berührt. Zeltähnliche, regen- und luftzugdichte Konstruktionen sind am besten geeignet. Nicht geeignet sind für diesen Zeitraum Nachbehandlungsmittel. Durch den Besenstrich werden die Fremdstoffe in den Zementmörtel eingearbeitet. Die Porosität und Erhärtung des oberflächennahen Betons ist dann gestört. Der Frost-Tausalz-Widerstand sinkt.

Die Nachbehandlung im Anschluss an das Aufbringen des Besenstrichs muss so gestaltet sein, dass sie bis zum Ende der Mindestnachbehandlungsdauer die Betonoberfläche sicher vor Austrocknung und schädigenden Temperatureinflüssen schützt. Zeltähnliche, regen- und luftzugdichte Konstruktionen sind am besten geeignet. Sie können, sobald die Oberfläche fest ist, durch Folien und ggf. Wärmdämmung abgelöst werden. Nachbehandlungsmittel können auch eingesetzt werden, allerdings bieten diese keinen Schutz vor Kälte- oder Sonneneinwirkung. Nach ZTV-ING 3-2 [21] dürfen Nachbehandlungsmittel Typ BH oder BM gemäß TL NBM-StB [20] auf Kappenoberflächen verwendet werden.

6 Literaturverzeichnis

[1] Hilsdorf, H.K., Kottas, R.: Beanspruchung von Brückenbauwerken durch Frost und Tausalze – Messungen an Brücken. Hrsg. Universität Karlsruhe, Institut für Massivbau und Baustofftechnologie, Abteilung Baustofftechnologie. Karlsruhe, 1995

[2] Reinhardt, H.-W., Huß, A.: Frostwiderstand von Betonen – Vergleich von Labor- und Auslagerungsversuchen. In: Beiträge zum Kolloquium Frostwiderstand von Beton in Labor und Praxis am 29. und 30. September 2005 in Düsseldorf. Hrsg.: Verein Deutscher Zementwerke e. V., Düsseldorf, 2005, S. 49 - 47

[3] Müller H.S., Guse, U.: Betonbauwerke unter Frostbeanspruchung – Fahrbahndecke und Wasserbecken. In: Beiträge zum Kolloquium Frostwiderstand von Beton in Labor und Praxis am 29. und 30. September 2005 in Düsseldorf. Hrsg.: Verein Deutscher Zementwerke e. V., Düsseldorf, 2005, S. 99 - 107

[4] Brameshuber, W., Spörel, F., Warkus, J.: „Europäische Bemessungsvorschriften für den Brückenbau – Beanspruchung von Betonbauwerken", Forschungsbericht F790 zum Auftrag 15.324/2000/FR des BMVBS. Institut für Bauforschung (ibac) der RWTH Aachen, 2008

[5] Brameshuber, W., Spörel, F., Warkus, J.: Tiefenabhängige Feuchte- und Temperaturmessung an einer Brückenkappe der Expositionsklasse XF4. Berichte der Bundesanstalt für Straßenwesen – Brücken- und Ingenieurbau. Hrsg.: Bundesanstalt für Straßenwesen. Bremerhaven: NW, Heft B 64, 2008

[6] Setzer, M.J., Schießl, P., Keck, H-J., Palecki, S., Brandes, C.: Prüfverfahren nach dem Performance Concept – Beton in der Expositionsklasse XF2. Berichte der Bundesanstalt für Straßenwesen – Brücken- und Ingenieurbau. Hrsg. Bundesanstalt für Straßenwesen. Bremerhaven : NW, Heft B 56, 2007

[7] Westendarp, A., Schulze, M.: Frostbeanspruchung von Verkehrsbauwerken. In: Beton, Nr. 5, 2000, S. 260 - 266

[8] Hilsdorf, H.K., Kottas, R.: Beanspruchung von Brückenbauwerken durch Frost und Tausalze. Vorträge der DBV-Arbeitstagung am 16.06.1993 in Wiesbaden

[9] Siebel, E. u. a.: Übertragbarkeit von Frost-Laborprüfungen auf Praxisverhältnisse, Sachstandbericht. Hrsg.: Deutscher Ausschuss für Stahlbeton (DAfStb). Berlin-Wien-Zürich: Beuth, Heft 560, 1. Auflage 2005

[10] Richtzeichnungen für Ingenieurbauten. Hrsg.: Bundesanstalt für Straßenwesen. Verkehrsblatt-Verlag, Stand August 2008.

[11] Merkblatt für die Herstellung und Verarbeitung von Luftporenbeton. Arbeitsgruppe Betonstraßen. Hrsg.: Forschungsgesellschaft für Straßen- und Verkehrswesen, 2004

[12] DIN-Fachbericht 100, Beton, Zusammenstellung von DIN EN 206-1 Beton – Teil 1 und DIN 1045-2 Tragwerke aus Beton, Stahlbeton und Spannbeton – Teil 2 – Anwendungsregeln zu DIN EN 206-1. Hrsg. DIN Deutsches Institut für Normung, Berlin-Wien-Zürich : Beuth, 2. Auflage 2005

[13] Zusätzliche Technischen Vertragsbedingungen und Richtlinien für Ingenieurbauten, Teil 3 Massivbau, Abschnitt 1 Beton (ZTV-ING 3-1, Stand 07/06), Hrsg.: Bundesanstalt für Straßenwesen. Dortmund: Verkehrsblatt, 2003

[14] DIN 1076 Ingenieurbauwerke im Zuge von Straßen und Wegen - Überwachung und Prüfung. Hrsg. DIN Deutsches Institut für Normung, Berlin-Wien-Zürich: Beuth 1999-11

[15] Zusätzliche Technischen Vertragsbedingungen und Richtlinien für Ingenieurbauten, Teil 7 Brückenbeläge. (bisher ZTV-BEL-B 2) Hrsg.: Bundesanstalt für Straßenwesen. Dortmund: Verkehrsblatt, 2003

[16] DIN 1045-3 Tragwerke aus Beton, Stahlbeton und Spannbeton - Teil 3: Bauausführung

[17] DIN CEN/TS 12390-9:2006-08 Prüfung von Festbeton – Teil 9: Frost- und Frost-Tausalz-Widerstand – Abwitterung

[18] Guse, U., Niemann, U.: Gesamtauswertung der Ergebnisse des Verbundforschungsvorhabens „Übertragbarkeit von Frost-Laborprüfungen auf Praxisverhältnisse", 2. Entwurf des Abschlussberichts zu Auftrag V 453 des Deutschen Ausschuss für Stahlbeton (DAfStb), 2008

[19] Zusätzliche Technischen Vertragsbedingungen und Richtlinien für Ingenieurbauten, Teil 1 Allgemeines, Stand 12/07. Hrsg.: Bundesanstalt für Straßenwesen. Dortmund: Verkehrsblatt, 2003

[20] Technische Lieferbedingungen für flüssige Betonnachbehandlungsmittel (TL NBM-StB) Forschungsgesellschaft für Straßen- und Verkehrswesen, 1996

[21] Zusätzliche Technischen Vertragsbedingungen und Richtlinien für Ingenieurbauten, Teil 3 Massivbau, Abschnitt 2 Bauausführung (ZTV-ING 3-2, Stand 07/06), Hrsg.: Bundesanstalt für Straßenwesen. Dortmund: Verkehrsblatt, 2003

7 Autor

Dr.-Ing. Franka Tauscher
Bundesanstalt für Straßenwesen
Postfach 100150
51401 Bergisch Gladbach

Wasserbauwerke unter Frostbeanspruchung

Andreas Westendarp

Zusammenfassung

Wasserbauwerke unterliegen aufgrund der häufigen Temperaturänderungen im bauteiloberflächennahen Bereich infolge betriebs- und gezeitenbedingter Wasserstandsänderungen, aber auch wegen der expositionsbedingt günstigen Sättigungsmöglichkeiten des Betons vielfach einem besonders starken Frostangriff. Im Rahmen von Untersuchungen an neu errichteten und an bestehenden Verkehrswasserbauwerken konnten in den letzten etwa 15 Jahren detaillierte Erkenntnisse über die tatsächliche Temperaturbeanspruchung und die tatsächlichen Sättigungsgrade in Abhängigkeit von witterungs-, betriebs- und bauteilspezifischen Randbedingungen gewonnen werden. In diesem Zusammenhang konnte u. a. nachgewiesen werden, dass die Frostbeanspruchung vertikaler Betonflächen in der Wasserwechselzone von Verkehrswasserbauwerken zumindest für die in Deutschland vorherrschenden Randbedingungen dem extremalen Bereich zuzuordnen ist. Die planmäßige Nutzungsdauer von Verkehrswasserbauwerken wird mit 100 Jahren angesetzt. Eine nicht unerhebliche Zahl der noch in Betrieb befindlichen Bauwerke der WSV hat dieses Alter bereits erreicht und teilweise sogar deutlich überschritten. Um für neue Bauwerke ebenfalls derartige Nutzungsdauern sicherstellen zu können, sind für Verkehrswasserbauwerke auch weiterhin über die nationale Betonnormung hinausgehende Anforderungen zu stellen. Im Hinblick auf den wesentlichen Dauerhaftigkeitsaspekt "Frostwiderstand" gehören hierzu im Baustoffbereich in Ergänzung des design concepts gemäß DIN 1045-2 Beschränkungen bei den Ausgangsstoffen sowie Frostprüfungen am Beton gemäß BAW-Merkblatt "Frostprüfung". Im Bereich der Bauausführung sind wasserbauspezifische Anforderungen u. a. an die Nachbehandlung des Betons und an die Qualitätssicherung der Baumaßnahme zu stellen.

1 Einleitung

Die Intensität eines Frostangriffs auf Beton wird maßgeblich durch die Anzahl und Ausprägung der frostrelevanten Temperaturwechsel sowie durch das Wasserangebot zur Ausbildung eines hohen Sättigungsgrades im Beton bestimmt. Wasserbauwerke unterliegen demzufolge aufgrund ihrer Exposition und der häufigen Temperaturänderungen im bauteiloberflächennahen Bereich durch betriebs- und gezeitenbedingte Einflüsse oftmals einem besonders starken Frostangriff. Bei der Konzeption von Betonen für solche Bauwerke wird deshalb seit jeher der Ausbildung eines hinreichenden Frostwiderstands besondere Bedeutung beigemessen. Dieser Beitrag informiert über die bislang vorliegenden Erkenntnisse zur Frostbeanspruchung von Wasserbauwerken sowie über die Bestrebungen, über spezifische Anforderungen an Baustoffe und Bauausführung einen angemessenen Frostwiderstand des Betons sicherzustellen.

2 Frostbeanspruchung von Wasserbauwerken (Einwirkungsseite)

2.1 Temperatureinwirkung

Anders als bei Bauteilen des üblichen Hoch- und Ingenieurbaus resultieren frostkritische Temperaturänderungen bei Wasserbauwerken in vielen Fällen nicht allein aus atmosphärischen Einflüssen (Temperaturunterschiede Tag/Nacht, Sonneneinstrahlung etc.), sondern werden zusätzlich durch Wasserstandsänderungen aus dem Betrieb (z. B. in Schleusenkammern oder Speicherbecken) oder durch Gezeiteneinflüsse initiiert. Um die tatsächliche Temperaturbeanspruchung von Wasserbauwerken und hier speziell von Verkehrswasserbauwerken wie Schleusen oder Wehranlagen besser quantifizieren zu können, werden seit etwa 15 Jahren systematisch Temperaturmessungen an derartigen Bauwerken durchgeführt. In einem ersten Schritt wurden hierzu in den Jahren 1995 bis 1999 von der Bundesanstalt für Wasserbau (BAW) Temperaturmessungen an einer Schleusenkammer- und einer Sparbeckenwand der 381 m über NN liegenden Schleusenanlage Eckersmühlen am Main-Donau-Kanal realisiert [1]. Neben Erkenntnissen über die Bedeutung von Einflussgrößen wie Bauteilabmessungen und bauwerksspezifischen Randbedingungen (z. B. erdhinterfüllte oder freistehende Wand) auf die Ausprägung des Temperaturverlaufs im Bauteil konnten hierbei auch Informationen über die tatsächlich auftretenden zeitlichen und räumlichen Temperaturgradienten innerhalb eines Bauteils gewonnen werden. Für eine freistehende, etwa 1 m dicke Sparbeckenwand der Schleusenanlage Eckersmühlen, die auf der einen Wandseite ständig mit Luft, auf der gegenüberliegenden Wandseite wechselweise mit Luft oder Wasser beaufschlagt wird, sind aufgrund der Auswertung von Extremsituationen innerhalb des Beobachtungszeitraums von 4 Jahren die in Abbildung 1 dargestellten zeitbezogenen Temperaturgradienten in bestimmten Bauteiltiefen gefunden worden. Zu beachten ist hierbei, dass der Temperaturaufnehmer im Bereich der Bauteiloberfläche nur eine integrale Erfassung der Temperatur in einer mehrere Millimeter starken Bauteilrandzone ermöglicht und deshalb im unmittelbaren Bereich der Bauteiloberfläche durchaus noch größere Temperaturgradienten zu erwarten sind.

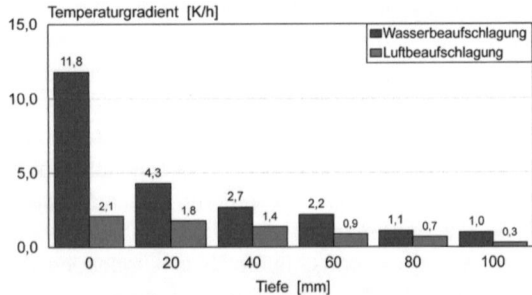

Abb. 1: Temperaturgradienten freistehende Sparbeckenwand Eckersmühlen (Extremwerte 1995-1999)

Die Daten in Abbildung 1 zeigen, dass die Temperaturgradienten bei einem Wechsel der Beaufschlagung der Bauteiloberfläche von Luft auf Wasser erheblich größer sind als im umgekehrten Fall. Dies war aufgrund der höheren Wärmekapazität des Wassers und des günstigeren Wärmeübergangskoeffizienten auch in dieser Form zu erwarten gewesen. Eine Auswertung der maximalen Temperaturdifferenzen zwischen benachbarten Temperaturaufnehmern zu bestimmten Zeitpunkten ergab für den frostkritischeren Fall "Wechsel von Luft- auf Wasserbeaufschlagung" für den Bauteilbereich 0 bis 20 mm einen Wert von 150 K/m, für den Bereich 20 bis 40 mm von etwa 65 K/m.

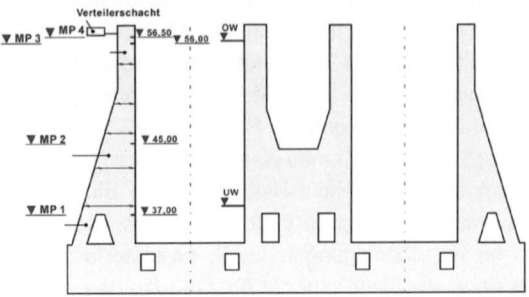

Abb. 2: Doppelschleuse Hohenwarthe, Querschnitt Lamelle 7 (aus [2])

Im Rahmen der Bestimmung des Sättigungsgrades des Betons von Wasserbauwerken (siehe Abschnitt 2.2) werden zur Zeit im Auftrag der Bundesanstalt für Wasserbau durch das Institut für Bauforschung

(ibac) der RWTH Aachen weitere umfangreiche Temperaturmessungen an der Schleuse Hohenwarthe bei Magdeburg und den Sparbecken der Schleuse Hilpolstein am Main-Donau-Kanal durchgeführt, die die genannten Ergebnisse im Wesentlichen bestätigen. Abbildung 2 zeigt einen Querschnitt der Schleuse Hohenwarthe mit den vier Messpunkten MP1 bis MP4.

In Tabelle 1 sind exemplarisch Ergebnisse der Temperaturuntersuchungen der RWTH Aachen an der Schleuse Hohenwarthe für den Beobachtungszeitraum November 2003 bis Juli 2007 (insgesamt 4 Winter) für die Bauteiltiefen 7 und 87 mm (gemessen von der wasserseitigen Schleusenkammerwandoberfläche) zusammengefasst.

Tab 1: Frostbeanspruchung an der Schleuse Hohenwarthe (11/2003 bis 7/2007) (aus [2])

Temperaturbereich T_{min}	Beton-tiefe	Frosttage ($T_{min} < 0\,°C, T_{max} > 0\,°C$)				Eistage $T_{max} < 0\,°C$			
		Messpunkt							
		MP1	MP2	MP3	MP4	MP1	MP2	MP3	MP4
-	mm	d							
1	2	3	4	5	6	7	8	9	10
-5 °C < T_{min} < 0 °C	7	128	31	165	191	159		85	42
	87	122	16	117	158	174		126	58
-10 °C < T_{min} < -5 °C	7		1	48	56			59	40
	87		0	13	36		0	81	69
-15 °C < T_{min} < -10 °C	7	0		1	4	0		2	1
	87			0	0			2	2
-20 °C < T_{min} < -15 °C	7		0	0	0			0	0
	87								

Nach [2] hat die Auswertung der Temperaturdaten für die Schleuse Hohenwarthe vereinzelt Minimaltemperaturen im Beton von bis zu -15 °C ergeben. Im Mittel über vier beobachtete Winter traten zwischen 30 (MP1) und 50 (MP4) Frost-Tau-Wechsel (FTW) je Winter in Abhängigkeit von der Lage der Messpunkte mit Minimaltemperaturen bis -5 °C auf. Frost-Tau-Wechsel mit niedrigeren Minimaltemperaturen konnten an den Messpunkten im Bereich des Oberwassers festgestellt werden. Tendenziell lag im unmittelbaren Randbereich (7 mm) eine etwas größere Anzahl von Frost-Tau-Wechsel als im Bauteilinneren (87 mm) vor. An der Wetterstation in der Nähe der Schleuse Hohenwarthe wurden im gleichen Zeitraum etwa 60 Frosttage pro Jahr ermittelt. Die beobachteten Abkühlraten während der Frost-Tau-Wechsel betrugen vereinzelt bis zu 5 K/h, im Bereich der Wasserwechselzone im Oberwasserbereich (MP3) wurden Auftauraten von bis zu 15 K/h festgestellt. Die meisten Frost-Tau-Wechsel fanden jedoch bei Abkühl- und Auftauraten von etwa 1 K/h bis 2 K/h statt. Eistage, an denen auch die Maximaltemperatur unter 0 °C blieb, wurden an den Messpunkten im Mittel etwa 20 bis 50 pro Jahr in Abhängigkeit von der Lage der Messpunkte festgestellt. Der frei bewitterte Messpunkt MP4 wies dabei die geringste Anzahl auf.

An den freistehenden Sparbeckenwänden der Schleuse Hilpoltstein konnten nach [2] im Beobachtungszeitraum November 2001 bis Juni 2007 Minimaltemperaturen von bis zu -20 °C gemessen werden. Die ermittelten Auftauraten bewegten sich ähnlich wie an der Schleuse Hohenwarthe bei Sonneneinfluss bei vereinzelt bis zu 14 K/h, wobei die meisten FTW bei Abkühl- und Auftauraten von etwa 1 K/h bis 3 K/h stattfanden.

Die an den drei genannten Bauwerken gefundenen Temperaturwerte dürften, von Bauwerken im alpinen Bereich einmal abgesehen, dem pessimalen Beanspruchungsspektrum von Wasserbauwerken in Deutschland recht nahe kommen.

2.2 Sättigungsgrad

Für die Ausprägung des zweiten, für die Intensität eines Frostangriffs wesentlichen Parameters, des Wassersättigungsgrades des Betons, bieten Wasserbauwerke wegen des dauernden bzw. temporären direkten Wasserkontaktes naturgemäß günstige Randbedingungen. Hier sind, anders als bei ausschließlich frei bewitterten Bauteilen, auch bei vertikalen Bauteilflächen hohe Sättigungsgrade möglich. Dies gilt in besonderem Maße für Schleusenkammerwände, bei denen der Beton im Wechsel mit der Luftfrosteinwirkung temporär mit Wasserdrücken bis zu 250 kPa beaufschlagt werden kann.

Quantitative Erkenntnisse zur Ausprägung des Sättigungsgrades von Beton in Abhängigkeit von bestimmten äußeren Randbedingungen lagen bis vor einigen Jahren in der Literatur kaum vor. Im Jahr 2000 wurde deshalb gemeinsam mit der RWTH Aachen ein Forschungsvorhaben begonnen, mit dem der Frage des Wassergehaltes im Beton von Bauteilen von Verkehrswasserbauwerken gezielt nachgegangen werden sollte. Hierzu wurden bei einem Neubauvorhaben (Kammerwände der Schleuse Hohenwarthe) und einem bestehenden Bauwerk (Sparbeckenwände der Schleuse Hilpoltstein), von der Bauteiloberfläche ausgehend, Multiringelektroden zur Erfassung der Elektrolytwiderstände des Betons in verschiedenen Tiefen (7 bis 87 mm) installiert. Parallel wurden Temperaturaufnehmer zur tiefenabhängigen Erfassung des Temperaturprofils eingebaut. Die Messstellen liegen im Überwasserbereich (frei bewittert), in der Zone zwischen Unter- und Oberwasserstand (wechselnde Wasser- und Luftbeaufschlagung) sowie in Hohenwarthe auch unterhalb Unterwasserstand (ständige Wasserbeaufschlagung). Über die ermittelten Elektrolytwiderstände sollen Größenordnung, tiefenabhängige Verteilung und Änderung des Wassergehaltes im Beton in Abhängigkeit von äußeren Ereignissen bestimmt werden. In Abbildung 3 ist exemplarisch für den Messpunkt MP3 der Schleuse Hohenwarthe, welcher an der vertikalen Schleusenkammerwandoberfläche im Wasserwechselbereich kurz unterhalb des Oberwasserstandes angeordnet ist, der Verlauf des über eine Kalibrierfunktion berechneten Sättigungsgrades für

den Beobachtungszeitraum 9/2003 bis 3/2008 dargestellt. Der Sättigungsgrad des Betons im Bereich dieses Messpunktes liegt danach in allen betrachteten Tiefenhorizonten ständig im Bereich der für diesen Beton ermittelten Wassersättigung unter Atmosphärendruck. Ausgenommen hiervon war lediglich eine mehrtägige Außerbetriebnahme der Schleusenkammer im Oktober 2005, hier war ein Absinken des Wassergehaltes bis in eine Betontiefe von etwa 30 mm zu beobachten.

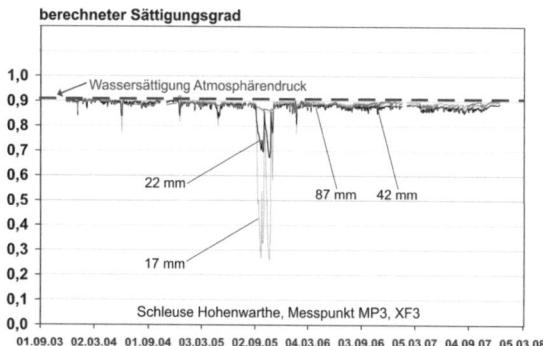

Abb. 3: Berechneter Sättigungsgrad Schleuse Hohenwarthe, Messpunkt MP3 (Wasserwechselbereich) (aus [2])

In Abbildung 4 ist analog zu Abbildung 3 der Verlauf des Sättigungsgrades für den Messpunkt MP4 (vertikale Betonoberfläche, frei bewittert) dargestellt. An diesem Messpunkt stellt sich der mittlere Wassergehalt im Betoninneren deutlich geringer und langfristig auf einem konstanten Niveau ein. Im Randbereich bis in Tiefen von etwa 40 mm können starke Schwankungen beobachtet werden. Diese stehen nach [2] in deutlichem Zusammenhang zu Niederschlagsereignissen und Sonneneinstrahlung. Weiterhin können jahreszeitlich abhängige Tendenzen erkannt werden. Im Winter sind die Wassergehalte höher als im Sommer.

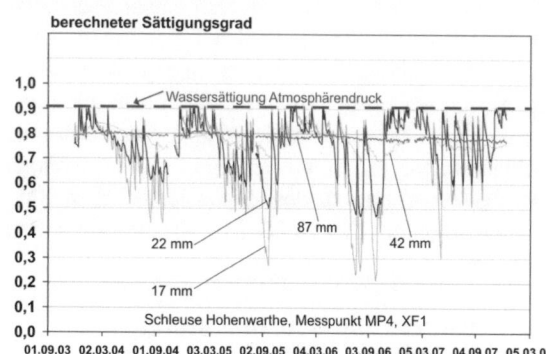

Abb. 4: Berechneter Sättigungsgrad Schleuse Hohenwarthe, Messpunkt MP4 (frei bewittert) (aus [2])

2.3 Zuordnung zu Expositionsklassen nach DIN EN 206-1 / DIN 1045-2

Die durch die o. g. Untersuchungen gewonnenen Erkenntnisse zu den Temperatur- und Sättigungsverhältnissen in Betonbauteilen von Wasserbauwerken zeigen eindeutig, dass die verschiedentlich angezweifelte Zuordnung vertikaler Bauteilflächen im Wasserwechselbereich zur Expositionsklasse XF3 (Frostangriff in Verbindung mit hoher Wassersättigung) gerechtfertigt ist. Die an Wasserbauwerken und hier insbesondere an Verkehrswasserbauwerken mit betriebsbedingten Temperaturänderungen gegebene Frostbeanspruchung dürfte für deutsche Verhältnisse sogar im pessimalen Bereich einzustufen sein.

Für Bauteile im Meerwasserbereich wird derzeit unterstellt, dass die Intensität des Frostangriffs zwischen der eines Frostangriffs in Verbindung mit Süßwasser und der Beanspruchung durch einen Frost-Tausalz-Angriff liegt. Da in der aktuellen Betonnormung eine entsprechende Differenzierung der frostrelevanten Expositionsklassen nicht vorgesehen ist, werden Meerwasserbauwerke den Expositionsklassen XF2 bzw. XF4 zugeordnet. Diese Thematik wird derzeit im Rahmen eines DAfStb-Forschungsvorhabens vor dem Hintergrund der mit einer solchen Zuordnung verbundenen hohen Anforderungen an die Betonzusammensetzung intensiver untersucht.

Neben dem Frostangriff sind als weitere wesentliche Beanspruchung von Wasserbauwerken mechanische Einwirkungen infolge eines Geschiebetransports oder durch Schiffsanfahrt zu nennen. Mit der Expositionsklassensystematik gemäß EN 206-1/DIN 1045-2 und den hieraus resultierenden Anforderungen an Betonausgangsstoffe und Betonzusammensetzung werden diese mechanischen Beanspruchungen nur unzureichend abgebildet. Die Bundesanstalt für Wasserbau hat sich dieser Problematik angenommen und versucht in Zusammenarbeit u. a. mit der Universität Karlsruhe, geeignete Kriterien zur Beschreibung der entsprechenden Einwirkungen sowie angemessene Anforderungen an den Beton zu definieren. Bis auf deren Vorliegen muss allerdings auf die Zuordnung zu den Expositionsklassen XM1 bis XM3 gemäß ZTV-W LB 215 [3] zurückgegriffen werden.

3 Betone und Bauausführung (Widerstandsseite)

3.1 Betone für Verkehrswasserbauwerke

3.1.1 Anforderungen an Betonausgangsstoffe und Betone

Auch ohne Bestätigung durch die Ergebnisse der in Abschnitt 2 skizzierten Untersuchungen zeigen über viele Jahrzehnte gewonnene Erfahrungen, dass

Betone für Wasserbauwerke hinsichtlich ihres Frostwiderstands höheren Anforderungen genügen müssen als beispielsweise Betone des üblichen Hoch- und Ingenieurbaus. Die entsprechenden zusätzlichen Anforderungen an Betone für den Neubau von Wasserbauwerken im Geschäftsbereich des Bundesministeriums für Verkehr, Bau und Stadtentwicklung (BMVBS) werden ergänzend zur DIN 1045 seit mehr als zwei Jahrzehnten in Zusätzlichen Technischen Vertragsbedingungen – Wasserbau (ZTV-W LB 215) [3] geregelt. Diese Regelungen werden von zahlreichen Ländern, Kommunen und Verbänden für ihre jeweiligen Wasserbauwerke übernommen. Eine Chronologie der ergänzenden Anforderungen zur DIN 1045 an den Beton für frostbeanspruchte Bauteile von Verkehrswasserbauwerken findet sich in Tabelle 2.

Tab. 2: Ergänzende Anforderungen der ZTV-W LB 215 zur jeweils gültigen Fassung der DIN 1045

ZTV-W LB 215		Beton mit hohem Frostwiderstand				Beton der Expositionsklasse			
		Süßwasser		Meerwasser		XF3		XF4	
Ausgabe		LP	w/z	LP	w/z	LP	w/z	LP	w/z
1982		x[1]	--[2]	x[1]	--[2]				
1990		x[1]	≤ 0,55	x[1]	≤ 0,55				
1998	mit LP	--[2]	≤ 0,55	x[1]	≤ 0,50[3]				
	ohne LP	--[2]	≤ 0,50						
2004							--[2]		--[2]

[1] Verwendung von Luftporenbildnern erforderlich
[2] Keine ergänzenden Anforderungen zu DIN 1045
[3] Anrechnung von Flugasche nicht zulässig

Die Verwendung von Betonen ohne LP-Bildner für frostbeanspruchte Bauteile ist im Verkehrswasserbau erst seit 1998 (wieder) zulässig, in den Jahrzehnten davor sind Verkehrswasserbauwerke nahezu ausschließlich unter Verwendung von LP-Bildnern erstellt worden. Mit Einführung der DIN EN 206-1 [4] in Verbindung mit DIN 1045-2 [5] wird nunmehr auch in der nationalen Betonnormung im Hinblick auf w/z-Wert und LP-Bildner-Verwendung das Anforderungsniveau der ZTV-W LB 215 (1990 bzw. 1998) an Betone für frostbeanspruchte Bauteile erreicht, zusätzliche wasserbauspezifische Anforderungen sind diesbezüglich deshalb nicht mehr erforderlich.

Frostspezifische Beschränkungen bei den Ausgangsstoffen beschränken sich gemäß ZTV-W LB 215 auf die Forderung nach Gesteinskörnungen der Kategorie F1 gemäß DIN EN 12620 für Betone der Expositionsklasse XF3. Des Weiteren bestehen bei den zu verwendenden Zementen expositionsklassenunabhängig Beschränkungen auf solche Produkte, mit denen langfristige positive Erfahrungen verfügbar sind. Bei der Festlegung dieser gemäß ZTV-W LB 215 zulässigen Zemente waren Erfahrungen mit dem Widerstand der entsprechenden Betone gegen Frosteinwirkung als wesentliche Beanspruchung im Wasserbau allerdings von besonderer Bedeutung.

Betone für Wasserbauwerke müssen einen hohen Wassereindringwiderstand gemäß DIN EN 206-1/DIN 1045-2 aufweisen, die Wassereindringtiefe gemäß DIN 12390-8 [6] darf 30 mm nicht überschreiten. Betone für die Expositionsklassen XF3 und XF4 müssen zudem gemäß ZTV-W LB 215 eine Frostprüfung absolviert haben. Einzelheiten hierzu finden sich in Abschnitt 3.1.2.

Bei Bauteilen von Verkehrswasserbauwerken handelt es sich im Regelfall um massige Bauteile. Die Konzeption von Betonen für massige Bauteile mit der Expositionsklasse XF3 bzw. XF4 wird geprägt durch die Suche nach einem Kompromiss zwischen den Aspekten "Dauerhaftigkeit" und "Minimierung von Zwangsspannungen infolge Hydratationswärme". Mit der aktuellen ZTV-W LB 215 (Ausgabe 2004) werden für Betone für massige Bauteile im Hinblick auf die Begrenzung der Hydratationswärmeentwicklung folgende zusätzliche Anforderungen aufgestellt:

- Begrenzung der Frischbetontemperatur an Übergabe- und Einbaustelle auf maximal +25 °C
- Expositionklassenabhängige Begrenzung der quasiadiabatischen Temperaturerhöhung des Betons innerhalb der ersten 7 Tage (Nachweis am Würfel 2 x 2 x 2 m³ bzw. alternativ im Betonkalorimeter)
- Expositionsklassenabhängige Begrenzung der Festigkeitsentwicklung des Betons ($f_{cm,28d}$) nach <u>oben</u>.

Ergänzend darf gemäß eines Erlasses des Bundesministeriums für Verkehr, Bau und Stadtentwicklung (BMVBS) [7] für massige Bauteile mit verkehrswasserbautypischem Expositionsspektrum (XF3/Variante mit LP in Verbindung mit XC2/XC4 und ggf. XM1) abweichend von der DAfStb-Richtlinie "Massige Bauteile aus Beton" [8] ein Mindestzementgehalt ohne Anrechnung von Zusatzstoffen von 270 statt 300 kg/m³ und eine Mindestdruckfestigkeitsklasse C20/25 statt C25/30 (Nachweisalter: 56 d) realisiert werden. Basis und Voraussetzung für diese Festlegung sind positive Langzeiterfahrungen mit entsprechenden Betonen sowie, ergänzend zum design concept gemäß DIN 1045, die gemäß ZTV-W LB 215 erforderliche zusätzliche Absicherung durch eine Frostprüfung am Beton (siehe auch Abschnitt 3.1.2).

Die in früheren Fassungen der ZTV-W LB 215 enthaltene Forderung nach einer Begrenzung der Hydratationswärmeentwicklung der Zemente bei Betonen für massige Bauteile ist in der aktuellen ZTV angesichts der neu hinzugekommenen Beschränkungen hinsichtlich der Wärmeentwicklung des Betons (aus heutiger Sicht bedauerlicherweise) gestrichen worden. In die Bauverträge wird derzeit für massige Bauteile die Forderung nach LH-Zementen wieder aufgenommen, weil Praxiserfahrungen gezeigt haben, dass in der frühen, vorwiegend kauf-

männisch geprägten Phase von Baumaßnahmen oftmals Zemente eingekauft werden, mit denen sich die Hydratationswärmebeschränkungen des Betons dann später nicht einhalten lassen.

Bei der Realisierung massiger Bauteile von Wasserbauwerken wurden und werden angesichts des Konfliktes zwischen Dauerhaftigkeitsanforderungen und Hydratationswärmebegrenzung des Betons bei der Wahl der Betonzusammensetzung die unter Dauerhaftigkeitsaspekten festgelegten Mindestanforderungen gemäß DIN 1045 bzw. ZTV-W LB 215 zumeist gerade eben eingehalten (Betonzusammensetzungen im Grenzbereich). Hinzu kommt, dass im Hinblick auf die Hydratationswärmeentwicklung vorzugsweise langsam erhärtende Bindemittel verwendet werden, deren Stärken nicht in jedem Fall im Frostwiderstand zu suchen sind. Die Tatsache, dass bei Einhaltung der ZTV-Anforderungen dennoch bislang keine substantiellen Frostschäden an Verkehrswasserbauwerken aufgetreten sind, kann als Indiz für eine angemessene Festlegung der Grenzwerte für die Betonzusammensetzung in der ZTV-W LB 215 (und nun auch in der aktuellen) Betonnormung herangezogen werden.

Das für die Konzeption von Betonen für massige Bauteile von Wasserbauwerken verfügbare Fenster ist relativ eng bemessen, mit Betonen "von der Stange" für den üblichen Hoch- und Ingenieurbau lassen sich die geforderten Eigenschaften nur im Ausnahmefall einhalten. Angesichts der zumeist großen Kubaturen (Schleuse Hohenwarthe etwa 300.000 m³) und der Bedeutung der Bauwerke sind betontechnologische "Maßanfertigungen" im Regelfall jedoch gerechtfertigt.

Die von den Betonen zu erbringenden Eigenschaften müssen vor Beginn der Bauausführung im Rahmen einer Eignungsprüfung nachgewiesen werden, für die das bauausführende Unternehmen verantwortlich ist. Die Erstprüfung des Betons gemäß DIN 1045-2 kann als Bestandteil dieser Eignungsprüfung herangezogen werden.

3.1.2 Frostprüfung von Betonen, Abnahmekriterien

Ergänzend zum deskriptiven Ansatz zur Sicherstellung eines hinreichenden Frostwiderstands wurden in den letzten etwa 30 Jahren für exponierte Wasserbauwerke im Bereich des BMVBS stets auch Frostprüfungen am Beton durchgeführt. Hierzu wurden bis etwa 1995 vorzugsweise zwei von der BAW entwickelte bzw. adaptierte Frostprüfverfahren angewendet: das BAW-Nassfrostverfahren und das BAW-Oberflächenfrostverfahren. Prüfverfahren und Abnahmekriterien wurden nicht in Form von Regelwerken veröffentlicht, die Verfahren wurden vorwiegend im Rahmen von BAW-internen Untersuchungen für Bauvorhaben der Wasser- und Schifffahrtsverwaltung des Bundes (WSV) genutzt. Der Einfluss bestimmter Randbedingungen auf das Ergebnis von Frostprüfungen (z. B. Wassersättigungsgrad der

Prüfkörper zu Beginn der Befrostung, Carbonatisierung) war bei der Festlegung der o. g. Prüfverfahren vor mehr als drei Jahrzehnten nicht oder nur bedingt bekannt, die Präzision der Verfahren nach heutigen Gesichtspunkten beschränkt. Ein wesentlicher Nachteil beider Verfahren war die lange Prüfdauer von 100 Tagen für die eigentliche Frostprüfung.

Im Jahr 1997 wurden deshalb mit der ZTV-W LB 219 (Instandsetzung von Wasserbauwerken) [9] zunächst für den Bereich der Betoninstandsetzung neue Frostprüfverfahren eingeführt: Das CIF-Verfahren für die Prüfung des Frostwiderstands in Verbindung mit Süßwasser und das CDF-Verfahren für die Prüfung des Frost-Tausalz-Widerstandes bzw. des Frostwiderstands in Verbindung mit Meerwasser. Beim CIF-Test steht die innere Schädigung im Vordergrund, die Abwitterung wird als ergänzendes Kriterium herangezogen; beim CDF-Test ist die Situation umgekehrt.

Seit 1997 wurden Frostprüfungen nach dem CDF- bzw. CIF-Verfahren auch bei allen größeren Neubaumaßnahmen der WSV im Bauvertrag vereinbart und realisiert. Prüfverfahren und Abnahmekriterien wurden hierbei zunächst unverändert für den Neubau übernommen, obwohl die Anforderungen an die Betonzusammensetzung bei Instandsetzungsmaßnahmen gemäß ZTV-W LB 219 (1997) zumindest hinsichtlich des Zementgehaltes (Mindestzementgehalt gleich 300 kg/m³ bei LP-Beton bzw. 330 kg/m³ bei Beton ohne LP-Bildner) strenger als bei Neubaumaßnahmen gemäß ZTV-W LB 215 (Mindestzementgehalt wie DIN 1045 (1988): 270 kg/m³) waren.

Mit der Umstellung auf die aktuelle Betonnormung mussten sowohl ZTV-W LB 215 (Neubau von Wasserbauwerken) als auch ZTV-W LB 219 (Instandsetzung von Wasserbauwerken) grundlegend überarbeitet werden. In einem ersten Schritt wurden die Anforderungen an die Zusammensetzung von Betonen für Neubau- und für Instandsetzungsmaßnahmen angeglichen; hier gelten nunmehr für Betone mit Frost- bzw. Frost-Taumittel-Beanspruchung einheitlich die Anforderungen von DIN EN 206-1/ DIN 1045-2.

Im Hinblick auf die anzuwendenden Frostprüfverfahren und die zugehörigen Abnahmekriterien wurde beschlossen, diesen Bereich aus der ZTV-W LB 219 (1997) herauszulösen und ein eigenes BAW-Merkblatt "Frostprüfung von Beton" [10] zu erstellen. Mit der Erstellung dieses Merkblattes waren verschiedene Ziele verbunden:

- Verfügbarkeit eines zentralen Papiers für die Frost- und die Frost-Tausalz-Prüfung von Beton und Spritzbeton für Wasserbauwerke
- Beseitigung von Unzulänglichkeiten in der Verfahrensanweisung aus 1997

- Überprüfung und ggf. Modifizierung der Abnahmekriterien aus 1997
- Höhere Flexibilität bei künftigem Überarbeitungsbedarf (beispielsweise aufgrund von Entwicklungen im normativen Bereich).

Das BAW-Merkblatt "Frostprüfung" beschreibt die Vorgehensweise bei der Prüfung des Frostwiderstands (CIF-Test) und des Frost-Tausalz-Widerstands (CDF-Test) und legt die zugehörigen Abnahmekriterien für Betone von Wasserbauwerken fest. Abbildung 5 zeigt eine Prinzipskizze des CDF-/CIF-Verfahrens.

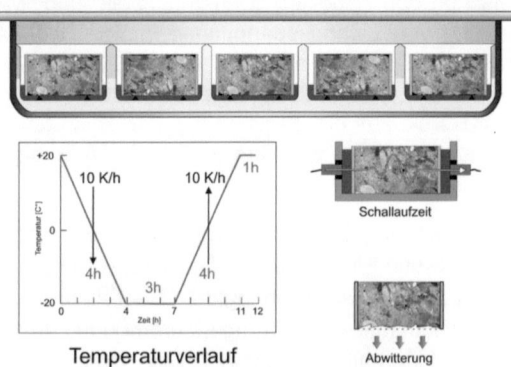

Abb. 5:   Prinzipskizze CDF-/CIF-Verfahren

Das BAW-Merkblatt enthält mit Ausnahme der zu verwendenden Prüfflüssigkeiten eine einheitliche Verfahrensbeschreibung für den CIF- und CDF-Test, die weitestgehend der RILEM-Empfehlung für den CIF-Test [11] entspricht. Damit wurden die Weiterentwicklungen in der Prüfmethodik des CIF-Tests, wie beispielsweise die Festlegung der Prüfhäufigkeit (0 FTW, jeder 4. bis 6. FTW, 24 bzw. 28 FTW) oder die Messung der Flüssigkeitsaufnahme der Prüfkörper, auch für den CDF-Test übernommen. Gegenüber [11] enthält das BAW-Merkblatt ferner einige wasserbauspezifische Modifikationen in der Verfahrensbeschreibung, wie beispielsweise die detaillierte Beschreibung der Probekörperherstellung für Beton und Spritzbeton sowie eine mögliche Variante für die Behandlung langsam erhärtender Betone (14 Tage Wasserlagerung, 42 Tage Trockenlagerung). Wie bereits in der ZTV-W LB 219 (1997) wird auch im BAW-Merkblatt "Frostprüfung" für das CDF-Verfahren im Unterschied zu E DIN EN 12390-9 [12] die Prüfung der inneren Schädigung als zusätzliches Abnahmekriterium neben der Abwitterung gefordert.

Eine kritische Wertung der seit 1997 durchgeführten CDF- bzw. CIF-Untersuchungen an Betonen und Spritzbetonen ergab folgende wesentliche Ergebnisse:

- Die Abnahmekriterien für das CDF-Verfahren (28 FTW, mittlere Abwitterung $\leq$ 1500 g/m², rel. dyn. E-Modul $\geq$ 75 %) sind angemessen und sollen in die Neufassung des Merkblattes übernommen werden.

- Bei den Abnahmekriterien für das CIF-Verfahren (56 FTW, mittlere Abwitterung $\leq$ 2000 g/m², rel. dyn. E-Modul $\geq$ 60 %) ist die Forderung hinsichtlich des rel. dyn. E-Moduls als Maß für die innere Schädigung für die im Wasserbau einzusetzenden Betone etwas zu konservativ gewählt worden. Hier ist eine Anpassung erforderlich, um erfahrungsgemäß geeignete Betone über die Frostprüfung künftig nicht auszuschließen.

- Bei einem rel. dyn. E-Modul von 50 bis 60 % sind die Streuungen der Prüfergebnisse aufgrund des fortgeschrittenen Zerstörungsgrades der Prüfkörper relativ hoch. Hier war zu untersuchen, ob bereits bei einem höheren rel. dyn. E-Modul als 60 % eine trennscharfe Unterscheidung zwischen geeigneten und nicht geeigneten Betonen möglich ist.

Die Abnahmekriterien des aktuellen BAW-Merkblattes "Frostprüfung" sind in Tafel 2 zusammengestellt. Diese Abnahmekriterien sind abgestimmt auf Betone für die Expositionsklassen XF3 und XF4 gemäß aktueller Betonnormung. Die Auswertungen hinsichtlich des rel. dyn. E-Moduls ergaben, dass bereits bei 80 % eine eindeutige Unterscheidung möglich ist. Um eine Anpassung an die üblicherweise durchgeführten 28 FTW zu erzielen, wurde als Kriterium für das CIF-Verfahren schließlich ein etwas niedriger rel. dyn. E-Modul von 75 % gewählt.

Tab. 3: Abnahmekriterien gemäß BAW-Merkblatt "Frostprüfung"

Verfahren	Kriterium	Wert	Eignungsprüfung	Güte- und Bauwerksprüfung
CIF	Innere Schädigung[1]	Mittelwert	$\geq$ 28 FTW	$\geq$ 24 FTW
	Abwitterung	Mittelwert	$\leq$ 1000 g/m² nach 28 FTW	
		95%-Quantile	$\leq$ 1750 g/m² nach 28 FTW	
CDF	Innere Schädigung[1]	Mittelwert	$\geq$ 28 FTW	$\geq$ 24 FTW
	Abwitterung	Mittelwert	$\leq$ 1500 g/m² nach 28 FTW	
		95%-Quantile	$\leq$ 1800 g/m² nach 28 FTW	

[1] Unterschreitung eines rel. dyn. E-Moduls von 75%

Mit der Anwendung der Frostprüfverfahren und der Abnahmekriterien gemäß BAW-Merkblatt "Frostprüfung" soll sichergestellt werden, dass Betone mit neuen Ausgangsstoffen oder neuen Zusammensetzungen im Hinblick auf den Frostwiderstand die gleiche Leistungsfähigkeit aufweisen wie bekannte, seit Jahrzehnten bewährte Stoffe und Rezepturen. Nicht ausgeschlossen ist bei dieser Vorgehensweise, dass vereinzelt Betone, die unter bestimmten Praxisbedingungen durchaus einen ausreichenden Frostwiderstand aufweisen würden, aufgrund der Frostprüfung von einer Anwendung ausgeschlossen werden. Auf der anderen Seite wird durch diese Vorgehensweise das Risiko für den Bauherrn im Hinblick auf etwa erforderliche zeit- und kostenintensive Instandsetzungsmaßnahmen deutlich reduziert.

3.1.3 Bauausführung im Verkehrswasserbau

Neben der Verwendung geeigneter Betone kommt der Bauausführung eine nicht zu unterschätzende Bedeutung im Hinblick auf die Dauerhaftigkeit von Betonbauteilen insgesamt und damit auch auf deren Widerstand gegen Frosteinwirkung zu. Im Hinblick auf die Qualität der Bauausführung wird an dieser Stelle exemplarisch auf die Forderungen der ZTV-W LB 215 nach Erstellung eines Betonierkonzeptes spätestens 4 Wochen vor dem ersten Betoneinbau und eines Betonierplans spätestens 3 Tage vor jedem Betoniertermin durch die bauausführende Firma sowie auf die besonderen Anforderungen zur Ausbildung von Arbeitsfugen als potentieller Schwachstelle in einem Betonbauteil hingewiesen.

Tab. 4: Anforderungen an die Nachbehandlung von Betonbauteilen gemäß ZTV-W LB 215

Festigkeitsentwicklung des Betons [c] $r = f_{cm2} / f_{cm28}$ [d]			
$r \geq 0{,}50$ (schnell)	$r \geq 0{,}30$ (mittel)	$r \geq 0{,}15$ (langsam)	$r < 0{,}15$ (sehr langsam)
Mindestdauer der Gesamtnachbehandlung in Tagen [a), b), e)]			
4	10	14	21
Davon Mindestdauer des Belassens in der Schalung bei geschalten Betonoberflächen [b) f)]			
2	5	7	10

[a] Bei mehr als 5 h Verarbeitbarkeitszeit ist die Nachbehandlungsdauer angemessen zu verlängern.

[b] Bei Temperaturen unter 5°C ist die Nachbehandlungsdauer um die Zeit zu verlängern, während der die Temperatur unter 5°C lag.

[c] Die Festigkeitsentwicklung des Betons wird durch das Verhältnis der Mittelwerte der Druckfestigkeiten nach 2 Tagen und nach 28 Tagen (ermittelt nach DIN EN 12390) beschrieben, das bei der Eignungsprüfung ermittelt wurde.

[d] Zwischenwerte dürfen eingeschaltet werden.

[e] Für Betonoberflächen, die einem Verschleiß entsprechend den Expositionsklassen XM2 und XM3 ausgesetzt sind, ist die Mindestdauer der Gesamtnachbehandlung zu verdoppeln. Der Maximalwert der Mindestdauer beträgt 30 Tage.

[f] Eine Verkürzung der Schalzeit ist nur bei Verwendung wasserabführender Schalungsbahnen und mit Zustimmung des Auftraggebers zulässig.

Als ein weiteres wichtiges Element gerade für den Frostwiderstand des bauteiloberflächennahen Betons ist eine ausreichende Nachbehandlung zu nennen. Dies gilt in besonderem Maße bei Verwendung von Betonen mit langsam erhärtenden Zementen, wie sie bei massigen Bauteilen üblich sind. Teil 3 der ZTV-W LB 215 enthält hierzu eigene Regelungen, die wegen der besonderen Beanspruchungen der Bauteile von Wasserbauwerken und der hohen Relevanz der Nachbehandlung für deren Dauerhaftigkeit zum Teil schärfer formuliert sind als in DIN 1045-3 [13] (siehe Tabelle 4). Die Regelungen der DIN 1045-3, Tabellen 2 bzw. 3, hinsichtlich der Abhängigkeit der Nachbehandlungsdauer von der Oberflächen- bzw. der Frischbetontemperatur werden in der ZTV-W LB 215 nicht übernommen. Um sicherzustellen, dass gerade in den ersten Tagen nach dem Betonieren auch tatsächlich eine wirksame Nachbehandlung erfolgt, wird in der ZTV-W LB 215 für geschalte Bauteilflächen eine Mindestdauer des Belassens in der Schalung festgelegt. Grund hierfür ist, dass bei Nachbehandlung durch Belassen in der Schalung, anders als bei nahezu allen anderen Nachbehandlungsverfahren, die Wirksamkeit der

Nachbehandlung durch den Bauablauf oder äußere Einflüsse kaum beeinträchtigt werden kann (Ausführungswahrscheinlichkeit nahe 100 %).

Verantwortlich für den Nachweis der vertraglich vereinbarten Eigenschaften des verwendeten Betons gegenüber dem Auftraggeber ist das bauausführende Unternehmen, maßgeblicher Nachweisort ist die Einbaustelle. Die ZTV-W LB 215 fordert Nachweise der Konsistenz des Betons bei den ersten fünf und anschließend bei jedem fünften Fahrzeug. Die Einhaltung der Anforderungen an den Wasser/Bindemittel-Wert ist bei den ersten drei und anschließend bei mindestens jedem zehnten Fahrzeug nachzuweisen.

Bei Beton mit Anforderungen an den Mindest-Luftgehalt sind die Konsistenz und der Luftgehalt des Betons jedes Fahrzeuges zu überprüfen.

Bei XF3-Betonen ohne LP-Bildner ist der Frostwiderstand des Betons baubegleitend mindestens einmal während der Bauzeit zu prüfen. Die Proben sind unmittelbar an der Einbaustelle zu entnehmen.

4 Erfahrungen mit Betonen mit hohem Frostwiderstand bzw. XF3-Betonen im Wasserbau

Bis zum heutigen Tag sind in der Wasser- und Schifffahrtsverwaltung des Bundes keine nach den Regeln der ZTV-W LB 215 errichtete Massivbauwerke bekannt geworden, deren Beton einen substantiell unzureichenden Frostwiderstand aufweist. Vereinzelt zeigen Verkehrswasserbauwerke in temporär wasserbeaufschlagten Bereichen (z. B. Schleusenkammerwände zwischen Unter- und Oberwasserstand) allerdings frostbedingte Abwitterungen der oberflächennahen Betonschicht in Stärke weniger Millimeter, die kurz nach der Inbetriebnahme aufgetreten und relativ rasch (innerhalb weniger Jahre) zum Stillstand gekommen sind. Derartige Prozesse sind zumeist auf eine unzureichende Nachbehandlung der zumeist unter Verwendung langsam erhärtender Zemente hergestellten Betone zurückzuführen, der Frostwiderstand der Betonsubstanz an sich ist hier aber ebenfalls ausreichend.

Die komplexen, aus Dauerhaftigkeitsaspekten und Minimierung der Hydratationswärmeentwicklung resultierenden betontechnologischen Anforderungen bei Verkehrswasserbauwerken werden sicherlich nur von ausgewählten Betonen eingehalten. Bei XF3-Betonen lässt die DIN 1045-2 bekanntermaßen die Wahl zwischen Betonen mit und ohne künstlich eingeführten Luftporen. XF3-Betone mit LP-Bildnern weisen bei Frostuntersuchungen gemäß BAW-Merkblatt zumeist keinen nennenswerten Abfall des relativen dynamischen E-Moduls als Maß für eine etwaige innere Schädigung des Betongefüges auf. XF3-Betonen ohne LP-Bildner zeigten hier zumeist einen etwas höheren, wenngleich moderaten Abfall

(zumeist zwischen etwa 5 und 15 %). Die Wasser/Bindemittelwerte lagen bei den untersuchten Betonen in der Regel im Grenzbereich gemäß DIN 1045-2 (w/z = 0,55 bzw. 0,50).

Bei massigen Bauteilen ist eine Einhaltung aller wasserbauspezifischen Anforderungen mit XF3-Betonen ohne LP-Bildner kaum möglich. Die aktuelle "Standardrezeptur" für XF3-Betone im Verkehrswasserbau kann deshalb wie folgt beschrieben werden:

- Zement: CEM II/B-S oder CEM III/A
- Zementgehalt: 270 bis 320 kg/m³
- Flugaschegehalt: ca. 0 bis 80 kg/m³
- LP-Bildner: ja (gemäß Norm)
- Festigkeitsklasse: C20/25 (Nachweisalter 56 d)

Als problematisch hat sich die Entwicklung am Zementmarkt erwiesen, Zemente so zu konzipieren, dass sie gleich zwei Festigkeitsklassen zugeordnet werden können. Für am Markt befindliche Zemente der Festigkeitsklasse 32,5 bedeutet dies, dass ihre Normfestigkeit nach 28d zumeist im Bereich zwischen 45 und 50 N/mm² und damit für massige Bauteile eigentlich zu hoch liegt. Auch die Beschaffung von LH-Zementen, die gleichzeitig über angemessene Dauerhaftigkeitseigenschaften verfügen, gestaltet sich am Markt zunehmend schwieriger.

Eine weitere, gerade im Hinblick auf den Frostwiderstand kritische Marktentwicklung ist die zunehmende Verwendung hochwirksamer Zusatzmittel (Fließmittel, Luftporenbildner), mit denen die angestrebten Ziele (Verflüssigung, Luftporeneintrag) zwar wesentlich effektiver erreicht werden können, die aber auf der anderen Seite oftmals äußerst sensibel auf Änderungen baubetrieblicher Randbedingungen wie Mischzeit, Frischbetontemperatur oder Förderung durch Pumpen reagieren. Diese Situation ist gerade für XF3-Betone mit LP-Bildnern, deren Frostwiderstand ja maßgeblich durch das künstlich eingeführte Luftporensystem bedingt wird, kritisch und erfordert erhebliche Aufwendungen bei der baubegleitenden Überwachung. Hier ist ein dringender Optimierungsbedarf hin zu robusteren Systemen angezeigt. Im Rahmen von Erst- bzw. Eignungsprüfungen ist bei LP-Betonen, die mittels Pumpe an die Einbaustelle gefördert werden sollen, die Durchführung von Pumpversuchen unverzichtbar, die Änderungen des Luftgehaltes zwischen Transportbetonwerk und Einbaustelle variierten bei in den letzten Jahren durchgeführten Baumaßnahmen bei durchaus vergleichbaren Betonen zwischen 0 und 8 %.

Immer wieder wird die Frage gestellt, ob bei Einhaltung der Anforderungen an Ausgangsstoffe und Betonzusammensetzung die Durchführung von Frostprüfungen am erhärteten Beton nicht überflüssig sei. Die Betone, die im Rahmen von Baumaßnahmen gemäß ZTV-W LB 215 von den bauausführenden Unternehmen bzw. von deren Transportbetonlieferanten konzipiert wurden, bestanden auch bei Kontrollprüfungen der BAW unter Verwendung der originalen Ausgangsstoffe im Regelfall die Frostprüfung gemäß BAW-Merkblatt. Hierbei ist aber zu beachten, dass die angebotenen Ausgangsstoffe und Betonrezepturen ja bereits einem herstellerseitigen Optimierungsprozess unterzogen worden sind. Angeführt sei in diesem Zusammenhang ein Fall aus den Jahren 2007/2008, bei dem Betonfertigteile für die Instandsetzung einer Ufermauer eingesetzt werden sollten. Als Beton wurde ein Beton der Festigkeitsklasse C35/45 mit einem Zementgehalt von 360 kg/m³ CEM III/A 42,5N NA und 60 kg/m³ Flugasche verwendet, der äquivalente w/z-Wert lag bei 0,45. Die Fertigteile wurden hergestellt, bevor die Eignungs- und Kontrollprüfungen gemäß ZTV-W LB 215 für den XF3-Beton abgeschlossen worden waren. Bei Prüfungen an gesondert hergestellten, aber auch an aus den Fertigteilen entnommenen Probekörpern wurde ein drastischer Abfall des dyn. E-Moduls in der CIF-Prüfung auf Werte zwischen 0 und etwa 20 % festgestellt. Die Untersuchungen wurden in verschiedenen Instituten durchgeführt, alle Institute kamen hier zu vergleichbaren Ergebnissen. Ein Austausch des Zementes und der Flugasche führte ebenfalls zu unzureichenden Ergebnissen in der Frostprüfung. Ursächlich dürfte nach derzeitigem Erkenntnisstand der verwendete Zuschlag sein, der allerdings allen Anforderungen gemäß Norm genügte. Großformatige Teilstücke dieser Fertigteile werden zur Zeit im Sparbecken der Schleuse Hilpoltstein ausgelagert, um zu überprüfen, ob die Ergebnisse der Frostuntersuchungen im Labor in der Praxis bestätigt werden.

Vor dem Hintergrund der Tatsache, dass Langzeiterfahrungen mit den eingesetzten Baustoffen und Betonzusammensetzungen als wesentlicher Voraussetzung für die Anwendung des design conceptes, welches der DIN 1045-2 zugrunde liegt, heute immer öfter fehlen, scheint die Durchführung ergänzender performance-Ansätze wie der Frostprüfung am Beton mehr und mehr notwendig und sinnvoll.

5 Literatur

[1] Westendarp, A., Schulze, M. (2004). Frostbeanspruchung von Verkehrswasserbauwerken. Beton 50 (2004) H. 5, S. 260-266.

[2] Brameshuber, W., Spörel, F., Warkus, J.: Messung der Feuchte und Temperatur in Bauwerken zur Feststellung ihrer Beanspruchung im Hinblick auf die Umweltklassen nach EN 206 + Anwendungsregeln (DIN 1045-2). Institut für Bauforschung der RWTH Aachen, Forschungsbericht F 788/2, 2007 (unveröffentlicht)

[3] Zusätzliche Technische Vertragsbedingungen - Wasserbau (ZTV-W) für Wasserbauwerke aus Beton und Stahlbeton (Leistungsbereich 215). Bundesministerium für Verkehr, Bau und Stadtentwicklung

[4] DIN EN 206-1; 2001: Beton – Teil 1: Festlegung, Eigenschaften, Herstellung und Konformität, Juli 2001

[5] DIN 1045-2:2008-08, Tragwerke aus Beton, Stahlbeton und Spannbeton - Teil 2: Beton - Festlegung, Eigenschaften, Herstellung und Konformität - Anwendungsregeln zu DIN EN 206-1

[6] DIN 12390-8, Prüfung von Festbeton - Teil 8: Wassereindringtiefe unter Druck

[7] Betone der Expositionsklasse XF3 für Kammerwände von Schleusen und vergleichbare massige Bauteile von Wasserbauwerken, Erlass BMVBS 13/14.61.31.1.02 vom 07.03.2007, Verkehrsblatt 8/2007, Nr. 74, S. 213-214, Verkehrsblatt - Verlag

[8] DAfStb-Richtlinie Massige Bauteile aus Beton, Deutscher Ausschuss für Stahlbeton; Ausgabe März 2005

[9] Zusätzliche Technische Vertragsbedingungen - Wasserbau (ZTV-W) für Schutz und Instandsetzung der Betonbauteile von Wasserbauwerken (Leistungsbereich 219). Bundesministerium für Verkehr, Bau und Stadtentwicklung

[10] Merkblatt "Frostprüfung von Beton" (BAW-Merkblatt "Frostprüfung") (Dezember 2004). Bundesanstalt für Wasserbau, Karlsruhe

[11] Setzer, M.-J. et al.: Final Recommendation of RILEM TC 176-IDC, Internal Damage of concrete due to frost action: Test methods of frost resistance of concrete: CIF-Test: Capillary suction, internal damage and freeze thaw test. Materials and Structures, Vol. 37 - No 274 (12.2004) p. 743-753.

[12] prCEN/TS 12390-9:2005 (D). Prüfung von Festbeton - Teil 9: Frost- und Frost-Tausalz-Widerstand - Abwitterung. Februar 2005.

[13] 1045-3:2008-08, Tragwerke aus Beton, Stahlbeton und Spannbeton - Teil 3: Bauausführung

6 Autor

BDir. Dipl.-Ing. Andreas Westendarp
Bundesanstalt für Wasserbau
Referat Baustoffe (B3)
Kußmaulstraße 17
76187 Karlsruhe

Ausführung von Frost- bzw. Frost-Taumittel beaufschlagten Bauteilen

Torsten Göpfert

1 Anlass und Zweck des Beitrags

Eine Bauunternehmung muss stets beachten, dass sie bei der Ausführung von Bauwerken nach VOB den Erfolg schuldet. Es ist vor allem bei Beton mit hohem Frost- bzw. Frost- und Tausalzwiderstand nicht ausreichend, nur auf die Einhaltung von normativ oder/und vertraglich geschuldeten Design- bzw. Prüfkriterien zu achten.

Im Zusammenhang mit Frost- bzw. Frost-Taumittel beaufschlagten Bauteilen ist eine Bewertung des Erfolgs besonders schwierig, da sich dieser zum Zeitpunkt der Abnahme am Bauwerk nicht bzw. nicht ohne weiteres bestimmen lässt. Deshalb führen Abwitterungen in der Nutzungsphase eines Bauwerks (Beispiel in Abbildung 1) im Alltag immer wieder zu Beanstandungen seitens der Auftraggeber.

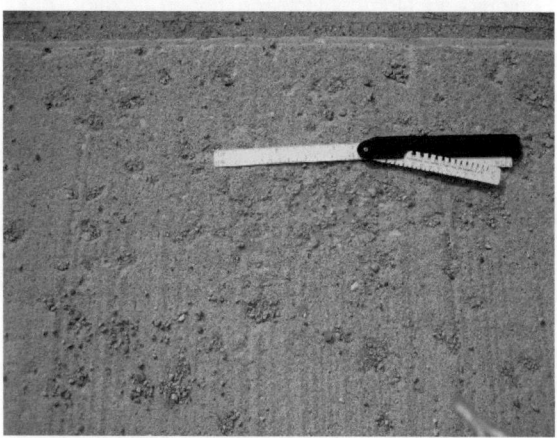

Abb. 1: Typische Abwitterungen an einer Brücken-kappe

Zur Vermeidung von „Misserfolg" und damit verbundenen Instandsetzungskosten ist bei Frost- bzw. Frost-Taumittel beaufschlagten Bauteilen auf deren Ausführung besonders zu achten.

Das Ziel des Beitrags besteht darin, langjährige Erfahrungen der TPA mit der Ausführung von entsprechenden Bauwerken, die sich aus der Betreuung von Baustellen des Hoch- und Ingenieur- sowie des Tief- und Tunnelbaus im Strabag-Konzern ergeben haben, weiterzugeben.

Dieser Beitrag setzt sich im Wesentlichen auseinander mit der Verarbeitbarkeit von LP-Beton bei Schleusen-Bauwerken und Tunnelinnenschalen. Des Weiteren werden Erfahrungen zum Einfluss der Nachbehandlung auf den Frost- bzw. Frost-Tausalz-Widerstand von Beton vorgestellt.

2 Verarbeitung von LP-Beton

Bei der Projektierung von LP-Beton ist zu beachten, dass 1 % Luft im Beton etwa 15 kg/m³ Mehlkorn ersetzen [1]. Dies hat spürbare Auswirkungen auf die rheologischen Eigenschaften von LP-Beton und kann insbesondere bei Verwendung der Konsistenzklasse F5 zu beträchtlichen Verarbeitungsschwierigkeiten, verbunden mit ggf. starken Entmischungen, führen (Beispiel in Abbildung 2).

Abb. 2: Tunnelinnenschale aus LP-Beton mit un-günstiger Betonzusammensetzung

2.1 Rheologische Optimierung von LP-Beton

Fließfähige LP-Betone kommen bei vielen Bauteilen im Wasser-, Tunnel- und Brückenbau zum Einsatz. Um oben dargestellte Phänomene ausschließen zu können, wurden mit einem BML-Viskomat (siehe Abbildung 3) umfangreiche Untersuchungen zu den rheologischen Eigenschaften solcher Betone und zu den wesentlichen Einflussfaktoren durchgeführt.

Der Vorteil des BML-Viskomats besteht nicht nur darin, dass damit Kennwerte für die rheologischen

Abb. 3: BML-Viskomat

Parameter Viskosität (h-Wert) und Fließgrenze (g-Wert) an Betonen mit einem Größtkorn von bis zu 16 mm bestimmt werden können, es wird auch ein so genannter s-Wert für die Entmischungsneigung des Betons ermittelt (siehe Abbildung 4).

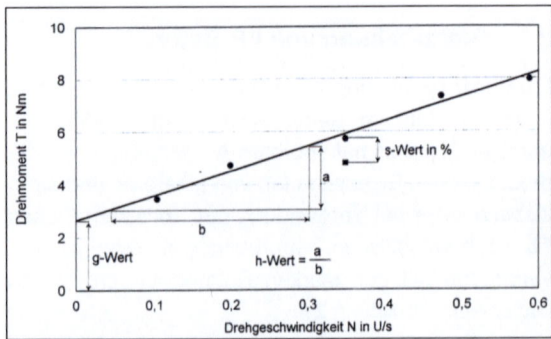

Abb. 4: BML-Parameter

Im Zuge dieser Untersuchungen haben wir für die Projektierung von fließfähigen LP-Betonen folgende Kenn- bzw. Zielgrößen ermittelt [2]:

- Berücksichtigung der Luftporen beim Mehlkorn- und Feinsandanteil (< 0,25 mm) mit 15 kg/m³ je 1 % Luft (Bestätigung der Angaben in [1]),
- Minimierung des sich daraus ergebenden Gesamtmenge auf ein notwendiges Minimum,
- Optimales Mörtelvolumen von 600 ± 20 dm³/m³,
- Bei Sanden mit Siebdurchgang bei 0,25 mm von über 20 %: Mörtelvolumen ggf. etwas geringer,
- Bei Sanden mit Siebdurchgang bei 0,25 mm von unter 5 %: Mörtelvolumen ggf. etwas höher

Die Einhaltung der oben genannten Parameter hat sich in den letzten Jahren bei einer Vielzahl von Baustellen bewährt. Phänomene, wie in Abbildung 2 gezeigt, sind dort nicht mehr aufgetreten.

Bei Sichtbetonanforderungen hat sich bewährt, die im „alten" DBV-Merkblatt [3] angegebenen Werte für den Gehalt an Mehlkorn und Feinsand (inklusive des oben genannten LP-Anteils) einzuhalten, bzw. nicht zu überschreiten.

2.2 Pumpen von LP-Beton

Das Pumpen von LP-Beton ist in der Regel ohne Probleme möglich. Es ist erfahrungsgemäß darauf zu achten, dass das Leimvolumen (Wasser, Zement, Zusatzstoffe, Sandanteil < 0,125 mm und Mikro-Luftporen) mindestens 270 dm³/m³ beträgt.

Des Weiteren ist darauf zu achten, dass während des Pumpens ein Teil der künstlich eingeführten Luftporen (in Abhängigkeit von der Dichtigkeit der Pumpleitungen) entweichen kann. Da der Gehalt an Luftporen, insbesondere der der Mikro-Luftporen, für den hohen Frost- bzw. Frost-Taumittelwiderstand bei hoher Wassersättigung ein maßgebliches Kriterium darstellt, sollte die Einhaltung der geforderten Werte stets nach dem Pumpen geprüft werden.

Eigene Untersuchungen haben ergeben, dass sich der LP-Gehalt während des Pumpens um bis zu 40 % reduzieren kann, wovon unter Umständen auch der Gehalt an Mikroluftporen betroffen ist.

3 Nachbehandlung

Zur Vermeidung von übermäßigen Abwitterungen ist der Nachbehandlung des Betons besonderes Augenmerk zu schenken.

Nicht erst seit den Untersuchungen von Ludwig [4] ist bekannt, dass bei Frost-Taumittelangriff auf Beton bevorzugt die carbonatisierten Randzonen abwittern und dass der Schädigungsgrad auch von der Bindemittelzusammensetzung beeinflusst wird.

Eigene Untersuchungen für den Neubau einer Schleuse in Norddeutschland haben gezeigt, dass auch bei einem Frostangriff ohne Taumittel die Auswahl des Bindemittels einen Einfluss auf die Widerstandsfähigkeit des Betons gegen Abwitterungen hat und deshalb die Nachbehandlungsart und -dauer darauf abzustellen ist.

Im Zuge dieser Untersuchungen wurden unter anderem an den nachfolgend genannten vier Betonrezepturen, die sich lediglich in Bindemittelart und -menge unterscheiden, CIF-Tests sowohl an separat hergestellten Probekörpern, als auch an Bohrkernen aus unterschiedlich nachbehandelten Flächen von großen Probeblöcken durchgeführt.

- IV) 240 kg/m³ CEM II/B-S 32,5 + 30 kg/m³ FA,
- V) 270 kg/m³ CEM II/B-S 32,5,
- VI) 270 kg/m³ CEM II/B-S 32,5 + 40 kg/m³ FA,
- VII) 300 kg/m³ CEM III/A 32,5

Der äquivalente w/z-Wert (ca. 0,53) und der LP-Gehalt (ca. 5,5 %) waren für alle Rezepturen weitgehend identisch.

Die separat hergestellten Probekörper wurden entsprechend der Prüfvorschrift gelagert. Die Flächen der Probeblöcke wurden nach dem Entschalen (nach 7 Tagen) zum Einen mit ständig bewässerten Jutematten und zum Anderen mit einem Nachbehandlungsmittel auf Parafinwachsbasis mit sehr hohem Sperrkoeffizient nachbehandelt. Die Ergebnisse dieser Untersuchungen sind in Abbildung 5 dargestellt.

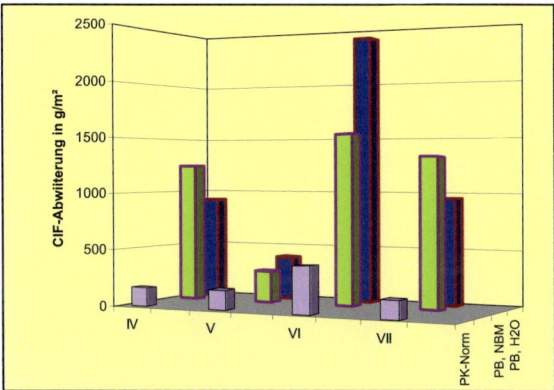

Abb. 5: CIF-Prüfergebnisse

Auf Grund dieser Ergebnisse wurde für die Herstellung der Schleusenkammerwände und der Sparbecken die Rezeptur V ausgewählt.

Anhand der vorgestellten Versuche wird ersichtlich, dass sich der zu erwartende Erfolg am Bauwerk nicht nur von Prüfergebnissen an separat hergestellten Probekörpern ableiten lässt, sondern auch die Art und Dauer der Nachbehandlung und die Auswahl des Bindemittels aufeinander abzustimmen sind.

Bei Betonen mit hoher Taumittelbeaufschlagung ist aus der Sicht des Autors auf die Zementauswahl besonders zu achten, da sich die Luftporen hier auf Grund von Phasenneubildungen zusetzen können (siehe Abbildung 6, REM - Aufnahme Uni Weimar)

Probe ZÜ 3a, Pore mit vollständiger Ettringit-Füllung, REM - Aufnahme, Vergr. 4200x

Abb. 6: Phasenneubildungen in den Luftporen einer Brückenkappe

4   Ausblick

Betone für befahrene Flächen in Parkhäusern sind in der Regel durch die erforderlichen Beschichtungen vor einem Frost- bzw. Frosttaumittelangriff geschützt. Dennoch ist teilweise auch hier der Einsatz von LP-

Beton notwendig (zum Beispiel bei direkt bewitterten Flächen ohne Wartungsvertrag für die Beschichtung, deren Lebensdauer erfahrungsgemäß begrenzt ist).

Bei der Ausführung solcher Flächen hat sich in der Praxis gezeigt, dass die Oberflächenvorbereitung durch Abscheiben und Flügelglätten zu einer so genannten „Schwartenbildung" (Abbildung 7) führen kann, deren Beseitigung in der Regel mit einem erheblichen Mehraufwand verbunden ist.

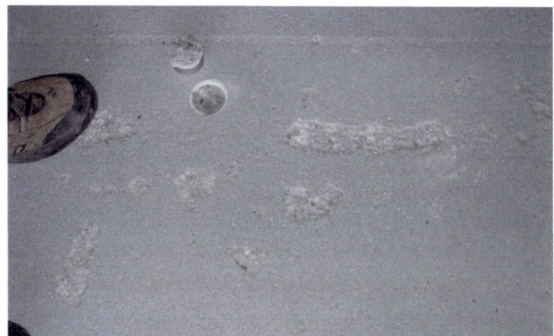

Abb. 7: Abplatzungen auf einem Parkdeck nach dem Kugelstrahlen durch so genannte „Schwartenbildung"

Zur Untersuchung der Ursachen hat die TPA, gemeinsam mit der Ed. Züblin AG und dem ibac der RWTH in Aachen ein Untersuchungsprogramm festgelegt, das vom DBV gefördert wird. Die Ergebnisse dieser Untersuchungen liegen Ende 2009 vor.

5   Literatur

[1]   Deutscher Beton-Verein E.V.: "Beton-Handbuch" – Leitsätze für die Bauüberwachung und Bauausführung. Bauverlag, Wiesbaden und Berlin, 3. Auflage, 1995, S. 118.

[2]   Köhler, A.: Rheologische Untersuchungen an fließfähigen Betonen. Interner Bericht BT/08.01/4/04.

[3]   Deutscher Beton-Verein E.V.: DBV-Merkblatt „Sichtbeton", Eigenverlag, Ausgabe 1997.

[4]   Ludwig, H.-M.: Zur Rolle von Phasenumwandlungen bei der Frost- und Frost-Tausalz-Belastung von Beton. Dissertation, HAB Weimar, 1996.

6   Autor

Dipl.-Ing. Torsten Göpfert
TPA Gesellschaft für Qualitätssicherung
und Innovation mbH
Albstadtweg 3
70567 Stuttgart

Programm des Symposiums

12. März 2009, Großer Hörsaal Bauingenieurwesen, Universität Karlsruhe (TH)

9.00 Uhr   **Anmeldung/Kaffee**

9.30 Uhr   **Begrüßung/Grußworte**
Dr.-Ing. Karsten Rendchen
VDB – Verband Deutscher
Betoningenieure e. V.

Ulrich Nolting, Geschäftsführer
BetonMarketing Süd GmbH,
Ostfildern

Grundlagen

9.45 Uhr   **Der nächste Winter kommt bestimmt ...**
Dipl.-Meteorologe Sven Plöger
Meteomedia AG, Schweiz

10.15 Uhr   **Physikalische Grundlagen der Frostschädigung von Beton**
Prof. Dr. rer. nat.
Dr.-Ing. habil. Max J. Setzer
Universität Duisburg-Essen

10.45 Uhr   Kaffeepause

11.15 Uhr   **Beurteilung von Feuchte- und Chloridprofilen verschiedener Bauteile**
Prof. Dr.-Ing. Michael Raupach
RWTH Aachen

11.45 Uhr   **Betontechnische Grundlagen**
Prof. Dr.-Ing. Harald S. Müller,
Universität Karlsruhe (TH)

12.15 Uhr   Mittagspause

Normung und Prüfung

13.45 Uhr   **Einstufung von Bauteilen in Expositionsklassen**
Dr.-Ing. Udo Wiens
Deutscher Ausschuss für Stahlbeton
(DAfStb), Berlin

14.15 Uhr   **Frost- und Frost-Tausalz-Prüfverfahren und ihre Übertragbarkeit**
Dr.-Ing. Ulf Guse,
Materialprüfungs- und
Forschungsanstalt MPA Karlsruhe

14.45 Uhr   Kaffeepause

Planung und Ausführung

15.15 Uhr   **Verkehrsbauwerke unter Frost-Tausalz-Beanspruchung**
Dr.-Ing. Franka Tauscher
Bundesanstalt für Straßenwesen
(BAST), Bergisch Gladbach

15.45 Uhr   **Wasserbauwerke unter Frostbeanspruchung**
BDir Dipl.-Ing. Andreas Westendarp
Bundesanstalt für Wasserbau (BAW),
Karlsruhe

16.15 Uhr   **Ausführung von Frost- bzw. Frost-Taumittel beaufschlagten Bauteilen**
Dipl.-Ing. Torsten Göpfert
TPA GmbH, Stuttgart

16.45 Uhr   **Schlusswort**
Prof. Dr.-Ing. Harald S. Müller
Universität Karlsruhe (TH)

Ulrich Nolting
BetonMarketing Süd GmbH,
Ostfildern

Umtrunk / Imbiss